Kedar Gautam

Deteção fenotípica de classes moleculares de beta-lactamases em CRE

Kedar Gautam

Deteção fenotípica de classes moleculares de beta-lactamases em CRE

ScienciaScripts

Imprint

Any brand names and product names mentioned in this book are subject to trademark, brand or patent protection and are trademarks or registered trademarks of their respective holders. The use of brand names, product names, common names, trade names, product descriptions etc. even without a particular marking in this work is in no way to be construed to mean that such names may be regarded as unrestricted in respect of trademark and brand protection legislation and could thus be used by anyone.

Cover image: www.ingimage.com

This book is a translation from the original published under ISBN 978-3-659-86479-7.

Publisher:
Sciencia Scripts
is a trademark of
Dodo Books Indian Ocean Ltd. and OmniScriptum S.R.L publishing group

120 High Road, East Finchley, London, N2 9ED, United Kingdom
Str. Armeneasca 28/1, office 1, Chisinau MD-2012, Republic of Moldova, Europe
Managing Directors: Ieva Konstantinova, Victoria Ursu
info@omniscriptum.com

Printed at: see last page
ISBN: 978-620-3-37413-1

ÍNDICE DE CONTEÚDOS

RECONHECIMENTO

Expresso a minha gratidão sincera e os meus sinceros elogios aos meus respeitados supervisores, Professor **Dr. Dwij Raj Bhatta**, antigo chefe do Departamento Central de Microbiologia da Universidade de Tribhuvan; **Professor Associado Binod Lekhak**, chefe do Departamento de Microbiologia do GoldenGate International College e **Sr. Prem Prasad Tripathee**, técnico médico sénior do Kanti Children Hospital, pelo seu apoio contínuo, paciência e orientação especializada ao longo do meu trabalho de investigação.

Tenho o prazer de expressar o meu profundo sentimento de dívida e gratidão à **Fundação Binayatara, Estados Unidos da América**, que me concedeu a **bolsa de investigação médica** que cobre os custos materiais da investigação.

Gostaria de agradecer calorosamente ao **Sr. Tara Bahadur Mahat**, à **Sra. Gyani Singh**, ao **Sr. Shiva Prasad Nepal**, à **Sra. Ishwori Maharjan** e a todo o pessoal de laboratório do Hospital Pediátrico Kanti pelo seu imenso apoio, assistência meticulosa e cooperação durante todo o trabalho de investigação.

Estou muito grato ao honorável **Diretor Executivo, Sr. Ramesh Silwal**; ao **Diretor, Prof. Dr. Bhadra Pokharel**, ao Professor, **Sr. Asia Poudel**, e a todos os professores respeitados, às faculdades visitantes e ao pessoal do GoldenGate International College pela sua amável cooperação e apoio durante todo o período.

Estou igualmente grato aos membros da minha família por todo o amor dedicado, cuidados intensivos, motivações e inspirações que encontrei. Não me esqueço de agradecer a **Geeta Ghimire, Rakesh Prasad Shah e Rajan KC** pelo seu contributo de apoio e excelente companheirismo ao longo do meu trabalho de investigação.

Kedar Gautam

Data:

RESUMO

As Enterobacteriaceae resistentes aos carbapenemes desafiaram a eficácia terapêutica e levantaram a questão global mais preocupante de importância para a saúde pública. O estudo foi efectuado para determinar o peso dos isolados de Enterobacteriaceae resistentes aos carbapenemes que produzem diferentes tipos de β-lactamases. Durante o período de estudo, foi isolado e identificado um total de 310 agentes patogénicos enterobacterianos a partir de amostras de urina, sangue, pus, expetoração, fezes e fluidos corporais obtidos dos doentes que visitaram o Kanti Children Hospital. Através do método de difusão em disco Kirby Bauer modificado, tal como descrito pelo CLSI, foram detectados produtores de β-lactamases e isolados multirresistentes, tendo sido selecionados entre eles ESBLs e produtores de carbapenemases. A deteção fenotípica e a diferenciação de ESBLs foram efectuadas através do teste de disco combinado. O teste de Hodge modificado foi utilizado para a deteção de produtores de carbapenemases e estes foram classificados em diferentes classes moleculares através de testes de combinação de discos baseados em inibidores. Um total de 251 (81,0%) isolados eram produtores de β-lactamase e 213 (68,7%) eram multirresistentes entre as enterobacteriaceae. Entre os 89 produtores de ESBL, 31,5% eram do tipo CTX-M e 39,3% eram do tipo TEM/SHV. A classificação das β-lactamases de 23 (7,4%) isolados positivos no teste de Hodge modificado inclui 4 na classe A, 11 na classe B, 3 na classe C e 1 em ambas as classes A e B, enquanto 4 não foram classificados. A maioria dos resistentes aos carbapenemes foi *E. coli* (52,1%), seguida de *K. pneumoniae* (34,8%). A maioria dos CRE era resistente (56,52%) a todas as combinações do teste ESBL, enquanto 7 (30,4%) produziam CTX-M ESBL. A produção de MBL e de AmpC β-lactamase não foi significativamente associada à ESBL (p-value> 0,05). Observou-se que todas as classes de carbapenemases surgiram entre as Enterobacteriaceae. Uma vez que se verifica uma grande variação nas β-lactamases de CRE, para reduzir o risco de calamidade grave, são obrigatórios procedimentos de deteção eficazes em todos os laboratórios clínicos.

Palavras-chave: Enterobacteriaceae, resistente aos carbapenemes, β-lactamase, carbapenemase, teste de Hodge modificado

LISTA DE ABREVIATURAS

ASM:	American Society of Microbiology
ATCC:	American Type Culture Collection
BA:	Blood Agar
CA:	Chocolate Agar
CAMHB:	Cation-adjusted Mueller Hinton Broth
CDC:	Centers for Disease Control and Prevention
CDT:	Combined Disk test
CFU:	Colony Forming Unit
CTX-M:	An extended-spectrum beta-lactamase with greater activity against Cefotaxime (CTX for cefotaximase and M for Munich)
CLSI:	Clinical and Laboratory Standards Institute
CPE:	Carbapenemase producing Enterobacteriaceae
CRE:	Carbapenem resistant Enterobacteriaceae
DHP:	Dehydroxypeptidase
DNA:	Deoxyribonucleic acid
EDTA:	Ethylene Diamine Tetra Acetate
ESBL:	Extended-spectrum beta-lactamase
FDA:	Food and Drug Administration
GMFCS:	Gross motor function classification system
GNB:	Gram negative Bacteria
HICPAC:	Health Infection Control Practices Advisory Committee
ICU:	Intensive care unit
KPC:	*Klebsiella pneumoniae* carbapenemase

MA:	MacConkey Agar
MBL:	Metallo beta-lactamase
MDR:	Multidrug Resistant/ Multidrug Resistance
MHA:	Mueller Hinton Agar
MHB:	Mueller Hinton Broth
MHT:	Modified Hodge test
MIC:	Minimal inhibitory concentration
MRSA:	Methicillin-resistant *Staphylococcus aureus*
NA:	Nutrient Agar
NDM:	New Delhi Metallo beta-lactamase
NHSN:	National Healthcare Safety Network
NNIS:	National Nosocomial Infection Surveillance
OMP:	Outer membrane protein
OXA:	Beta-lactamase with oxacillin hydrolyzing activity
PBA:	Phenyl Boronic Acid
PBP:	Penicillin binding protein
RNA:	Ribonucleic acid
SHV:	Sulfhydryl variable
SME:	Beta-lactamase enzyme named after *Serratia marcescens*
SPSS:	Statistical Package for Social science
TEM:	Temoneira (an ESBL enzyme named after a greek patient)
VIM:	Verona integron-encoded metallo-β-lactamase
WHO:	World Health Organization
XLD:	Xylose Lysine Deoxycholate

CAPÍTULO I

1. INTRODUÇÃO

1.1 Antecedentes

A emergência de isolados bacterianos multirresistentes e a sua recirculação global é um dos problemas de saúde pública mais preocupantes a nível mundial (Arnold *et al.*, 2011; Nikaido, 2009; Pereira *et al.*, 2011 e Savard *et al.*, 2011). As infecções com esses isolados bacterianos resistentes ameaçam a eficácia terapêutica e são o prenúncio do fracasso da eficácia dos antibióticos (Amjad *et al.*, 2011 e Carlet *et al.*, 2011). A resistência antimicrobiana é um fenómeno biológico natural complexo relacionado com a interação de múltiplos factores (ASM, 2009), tais como o estado atual de um determinado organismo, a amplificação da capacidade de tolerância dos agentes patogénicos, o medicamento utilizado, os elementos ambientais e a eficácia das medidas de controlo das infecções (Monroe *et al.*, 2000). O tratamento com antibióticos de largo espetro aumenta a seleção cega de isolados multirresistentes (MDR) de agentes patogénicos comuns, como *Escherichia* coli e outras Enterobacteriaceae, *Enterococcus faecalis*, *Pseudomonas aeruginosa* e *Staphylococcus aureus* (Paterson *et al.*, 2005). Estes agentes patogénicos têm demonstrado um aumento lento mas constante da resistência ou uma menor suscetibilidade aos antimicrobianos de largo espetro habitualmente utilizados, como os β-lactâmicos, o trimetoprim/sulfametoxazol e as fluoroquinolonas (Gales *et al.*, 2000).

Os carbapenemes, a derradeira escolha para o tratamento de infecções por Enterobactérias, compreendem uma família de antibióticos β-lactâmicos fundidos, que são análogos das penicilinas e dos clavams, nos quais o enxofre do anel de tiozolidina da penicilina ou o oxigénio dos clavams é substituído por carbono (Denyer *et al.*, 2004). Actuam como inibidores baseados no mecanismo das PBPs e podem inibir a reticulação de péptidos, bem como outras reacções de peptidase (Krisztina *et al.*, 2011). Um mecanismo comum de resistência bacteriana aos β-lactâmicos é a produção de enzimas que se ligam e hidrolisam os fármacos (Forbes *et al.*, 2007). Após o aparecimento de *Staphylococcus* resistentes à meticilina e de β-lactamases de espetro alargado (ESBLs), a carbapenemase: uma enzima β-lactamase, está a causar resistência sobretudo entre organismos Gram-negativos (Kanj e Kanafani, 2011). A carbapenemase é uma β-lactamase que hidrolisa um grupo de antibióticos chamados carbapenemes (Gary e Margret, 2010).

Os mecanismos de resistência aos carbapenemes incluem a produção de β-lactamases, bombas de efluxo e mutações que alteram a expressão e/ou a função de porinas e PBPs (Anderson *et al.*, 2007 e Nikaido, 2009). A combinação destes mecanismos pode causar níveis elevados de resistência aos carbapenemes em bactérias como *Escherihia coli, Klebsiella* spp, *Pseudomonas aeruginosa* e

Acinetobacter baumannii, entre as quais *E. coli* e *Klebsiella pneumoniae* representam a grande maioria dos CRE encontrados (Deshpande *et al.*, 2006). Nos cocos Gram positivos, a resistência aos carbapenemes é tipicamente devida ao resultado de substituições nas sequências de aminoácidos das PBPs ou à aquisição/produção de uma nova PBP resistente aos carbapenemes; no entanto, nas bactérias Gram negativas, é frequentemente devida à produção de β-lactamases, à expressão de bombas de efluxo, bem como à perda de porinas e a alterações nas PBPs (Meletis *et al.*, 2012). Entre todas estas, a produção de β-lactamases parece ser a causa mais comum de resistência aos carbapenemes em Enterobacteriaceae (Paterson, 2006). A produção e disseminação de enzimas carbapenemases na população bacteriana é maioritariamente mediada por plasmídeos ou elementos genéticos móveis, o que significa que o risco de disseminação entre espécies é muito elevado (Mathers *et al.*, 2011).

Os carbapenemes, a última linha de terapia, são principalmente necessários para tratar infecções nosocomiais, e a crescente resistência das bactérias a esta classe de β-lactâmicos deixa o sistema de saúde quase sem escolha de medicamentos eficazes para o tratamento da doença (Nordmann *et al.*, 2012a). A resistência aos carbapenemes e a produção de carbapenemase em qualquer espécie de *Enterobacteriaceae* é uma preocupação em termos de controlo de infecções (Schwaber e Carmeli, 2008) e os relatos de *Enterobacteriaceae* resistentes aos carbapenemes (CRE) estão a aumentar cada vez mais (Gupta *et al.*, 2011). No Nepal, registam-se repetidamente vários casos de multirresistência (Baral, 2008; Pokhrel *et al.*, 2006 e Poudel, 2010), mas os dados disponíveis sobre o padrão de resistência das CRE são muito limitados, embora estas sejam frequentemente isoladas de várias amostras clínicas. As consequências do tratamento das infecções causadas por estas bactérias são muito importantes, uma vez que não existe praticamente nenhum arsenal terapêutico para as infecções causadas pelos agentes patogénicos que produzem carbapenemases (Upadhayay *et al.*, 2012). Por conseguinte, para resolver o problema, parece ser extremamente necessário centrar as investigações clínicas no estudo da emergência e da propagação destes organismos para o desenvolvimento de novas alternativas terapêuticas e para proporcionar um tratamento eficaz destes casos.

1.2 Objectivos

1.2.1 Objetivo geral

Detetar as classes moleculares de β-lactamases em Enterobacteriaceae resistentes aos carbapenemes através de um método fenotípico.

1.2.2 Objetivo específico

a) Determinar o padrão de suscetibilidade antimicrobiana de diferentes isolados de enterobactérias provenientes de amostras clínicas.

b)	Avaliar o peso dos produtores de β-lactamases e das bactérias multirresistentes entre os isolados

c)	Estimar a ocorrência de diferentes tipos de ESBLs entre os produtores de AmpC β-lactamase e carbapenemase.

d)	Para diferenciar as classes de enzimas β-lactamase entre as estirpes positivas do teste de Hodge modificado.

CAPÍTULO II

2. REVISÃO DA LITERATURA

2.1 Desenvolvimento de antibióticos e ameaça crescente de multirresistência em Enterobacteriaceae

As descobertas de Alexander Fleming (1928) e Waksman (1943) despertaram a ciência para as maravilhas dos antibióticos (Okonko *et al.*, 2008). Os antibióticos são os meios terapêuticos de primeira linha para a intervenção médica. Aproveitam as diferenças bioquímicas que existem entre os microrganismos e os seres humanos e actuam inibindo processos cruciais de sustentação da vida no organismo: a síntese de material da parede celular, ADN, ARN, ribossomas e proteínas. São utilizados como profilaxia, terapia empírica ou terapia dirigida ao agente patogénico (OMS, 2013). Devido à sua toxicidade selectiva, os medicamentos antimicrobianos são eficazes no tratamento de infecções, ou seja, têm a capacidade de ferir ou matar um microrganismo invasor sem prejudicar as células do hospedeiro (Brooks *et al.*, 2007). Várias classes gerais de fármacos antimicrobianos surgiram como pilares da moderna quimioterapia das doenças infecciosas (Hardy, 2002). Até à data, foram descritos mais de 6000 antibióticos (Khanal, 2006), dos quais apenas cerca de 1000 foram cuidadosamente investigados e cerca de 100 são atualmente utilizados no tratamento de infecções (Okonko *et al.*, 2008).

A utilização bem sucedida de qualquer antibiótico é comprometida pelo potencial desenvolvimento de tolerância ou resistência a esse composto desde o momento em que é empregue pela primeira vez (Davies & Davies, 2010). A resistência aos fármacos é um fenómeno complexo que confere a um organismo e à sua descendência a capacidade temporária ou permanente de permanecer viável ou de se multiplicar em condições ambientais que, de outro modo, destruiriam ou inibiriam outras células (Hugo e Russell, 1993). A exposição a antibióticos e outros produtos antimicrobianos, seja no corpo humano, nos animais ou no ambiente, aplica uma pressão selectiva que incentiva o aparecimento de resistência, favorecendo tanto as "estirpes naturalmente resistentes" como as que "adquiriram resistência" (ASM, 2009). A prevalência da resistência bacteriana aos antibióticos continua a aumentar. Lamentavelmente, as infecções causadas por organismos resistentes resultam numa enorme morbilidade e mortalidade em todo o mundo (Duin *et al.*, 2013). As estirpes resistentes desenvolvem-se rapidamente, e os insectos tenazes surgem quase para ostentar a imunidade se existirem lacunas significativas no rastreio e monitorização da resistência aos antibióticos (Hoel e Williams, 1997). O aumento da resistência bacteriana aos antibióticos nos hospitais e na comunidade tornou-se um grave problema médico mundial e é atualmente motivo de grande preocupação (Lorch, 1999). Em alguns casos, desenvolveram-se superbactérias altamente resistentes a praticamente todos os medicamentos disponíveis (Comissão Europeia, 2011).

A resistência dos Gram-negativos tornou-se uma preocupação clínica logo após a introdução da ampicilina, a primeira penicilina semi-sintética que demonstrou ser ativa contra os GNB (Shah e Isaacs, 2003). Os microrganismos da família Enterobacteriaceae estão entre os agentes patogénicos mais comuns das doenças infecciosas (Rubtsova *et al.*, 2010). Podem observar-se diversos padrões de resistividade nas Enterobacteriaceae em relação com a variação geográfica. As Enterobactérias resistentes estão a complicar o tratamento de infecções nosocomiais graves e ameaçam criar espécies resistentes a todos os agentes antibacterianos atualmente disponíveis (Paterson, 2006; Tangden, 2012). Uma vez que os β-lactâmicos são os antibióticos mais prescritos, não é surpreendente que a resistência a esta classe de agentes represente uma dificuldade terapêutica cada vez mais complexa e desconcertante (Jacob *et al.*, 1995; Brunton *et al.*, 1986). Verifica-se que a resistência evoluiu de medicamentos mais antigos, como a penicilina, para cefalosporinas mais recentes, monobactâmicos e carbapenemes (Pitout *et al.*, 1997).

A resistência desenvolvida contra mais de um fármaco e a presença de vários factores de virulência nas estirpes de muitos agentes patogénicos responsáveis por diferentes doenças representam uma ameaça crescente à gestão bem sucedida do flagelo da doença (Okonko *et al.*, 2008). A resistência simultânea a antimicrobianos de diferentes classes surgiu numa multiplicidade de espécies bacterianas, complicando a gestão terapêutica das infecções, sendo considerada multirresistente se apresentar resistência a três ou mais antibióticos de uso corrente (Daniel et al., 2001). Em termos exactos, a multirresistência (MDR) significa "resistente a mais do que um agente antimicrobiano", mas a comunidade médica ainda não chegou a acordo sobre uma definição normalizada de MDR. Assim, estão a ser utilizadas muitas definições para caraterizar os padrões de multirresistência em organismos gram positivos e gram negativos (Mc Gowan, 2006; Falagas *et al.*, 2006; Cohen *et al.*, 2008; Hidron *et al.*, 2008).

A multirresistência foi definida por vários investigadores e organizações de diferentes formas em diferentes contextos clínicos. Algumas das definições mais utilizadas incluem:

A multirresistência é definida como a resistência a duas ou mais classes de agentes antimicrobianos (CDC, 2006).

A multirresistência é definida como a resistência a pelo menos dois antibióticos de classes diferentes, incluindo aminoglicosídeos, cloranfenicol, tetraciclinas e/ou eritromicina (Huys et al., 2005).

Estas definições baseiam-se principalmente nas duas abordagens utilizadas por vários autores e autoridades, incluindo o "Healthcare Infection Control Practices Advisory Committee: HICPAC' e a 'National Healthcare Safety Network: NHSN" (Cohen *et al.*, 2008; Hidron *et al.*, 2008).

Embora estejam a ser utilizadas muitas definições para caraterizar o padrão de multirresistência em bactérias patogénicas, a ausência de definições específicas para MDR em protocolos de estudos clínicos é muito problemática para comparar a sua resistividade (Falgas *et al.*, 2006; Paterson, 2006). As Enterobacteriaceae multirresistentes são definidas como os isolados que são resistentes ou intermédiamente susceptíveis a ≥1 agente de ≥3 das seguintes categorias antimicrobianas, conforme categorizadas na tabela-1 (Magiorakos *et al.*, 2012).

Quadro 1: Critérios para a seleção de MDR em Enterobacteriaceae

Categoria antimicrobiana	Agente antimicrobiano	Espécies com resistência intrínseca a agentes ou categorias antimicrobianas
Aminoglicosídeos	Gentamicina	*Providencia rettgeri, Providencia Stuartii*
	Tobramicina	*P. rettgeri, P. stuartii*
	Amicacina	
	Netilmicina	*P. rettgeri, P. Stuartii*
Cefalosporinas anti-MRSA	Ceftarolina (aprovada apenas para *E. coli, K. oxytoca* e *K. pneumoniae*)	
Penicilinas antipseudomonas + β- inibidores da lactamase	Ticarcilina- Ácido clavulânico	*Escherichia hermannii*
	Piperacila- tazobactam	*E. hermannii*
Carbapenemes	Etrapenem	
	Imipenem	
	Meropenem	
	Doripenem	
Cefalosporinas de espetro não alargado: 1.ª e 2.ª gerações	Cefazolina	*Citrobacter freundii, Enterobacter aerogens, E. clocae, Hafnia alvei, Morganella morganii, Proteus penneri, P. vulgaris, P. rettgeri, P. stuartii, Serratia*

		marcescens.
	Cefuroxima	*M. morganii, P. penneri, P. vulgaris, S. marcescens*
Cefalosporinas de espetro alargado: 3rd e 4th gerações	Cefotaxima ou Ceftriazona	
	Ceftazidima	
	Cefepima	
Cefamicinas	Cefoxitina	*C. freundii, E. aerogens, E. clocae, H. alvei*
	Cefotanan	*C. freundii, E. aerogens, E. clocae, H. alvei*
Fluoroquinonas	Ciprofloxacina	
Via do folato via inibidores	Trimetoprimsulfametoxazol	
Glicilciclinas	Tigeciclina	*M. morganii, Proteus mirabilis, P. penneri, P. vulgaris, P. rettgeri, P. stuartii*
Monobactâmicos	Aztreonam	
Penicilinas	Ampicilina, Amoxicilina	*Citrobacter koseri, C. freundii, E. aerogens, E. clocae, E. hermannii, H. alvei, Klebsiella spp, M. morganii, Proteus mirabilis, P. penneri, P. rettgeri, P. stuartii, S. marcescens*
Penicilinas+ inibidores da β-lactamase	Amoxicilina-ácido clavulânico	*C. freundii, E. aerogens, E. clocae, H. alvei, M. morganii, P. rettgeri, P. stuartii, S. marcescens*
	Ampicilina-sulbactam	*C. freundii, C. koseri E.aerogens, E. clocae, H. alvei, P. rettgeri, P. stuartii, S. marcescens*

Fenólicos	Chl orampheni col	
Ácidos fosfónicos	Fosfomicina	
Polimixinas	Colistina	*M. morganii, P. mirabilis, P. penneri, P. vulgaris, P. rettgeri, P. stuartii, S. marcescens*
Tetraciclinas	Tetraciclina	*M. morganii, P. mirabilis, P. penneri, P. vulgaris, P. rettgeri, P. stuartii*
	Doxiciclina	*M. morganii, P. penneri, P. vulgaris, P. rettgeri, P. stuartii*
	Minociclina	*M. morganii, P. penneri, P.*
		vulgaris, P. rettgeri, P. stuartii

A epidemiologia das Enterobacteriaceae MDR está a evoluir rapidamente e estende-se a todos os aspectos da medicina, ameaçando os progressos significativos registados nos transplantes, na oncologia e na cirurgia (Podschum e Ullman, 1998 e Savard e Perl, 2012). A prevalência de multirresistência em *Escherichia coli* é surpreendentemente elevada e está a aumentar rapidamente (Gupta *et al.*, 1999). Aproximadamente 20% das infecções *por Klebsiella pneumonia* e 31% das infecções por *Enterobacter* spp em unidades de cuidados intensivos (UCI) são resistentes à cefalosporina de terceira geração e a outros β-lactâmicos (Pereira *et al.*, 2011). Nos últimos anos, foram disponibilizadas várias novas opções de tratamento para o MRSA e, felizmente, a verdadeira resistência à vancomicina continua a ser rara. No entanto, a ameaça de MDR em organismos Gram-negativos não conduziu a um aumento semelhante de novas terapêuticas (Duin *et al.,* 2013). Os casos de propagação global de Enterobacteriaceae produtoras de ESBL, de Enterobacteriaceae produtoras de carbapenemases e a epidemiologia emergente, incluindo as descobertas da metalo-beta-lactamase (NDM) de Nova Deli na água e noutras fontes, estão a surgir como ameaças alarmantes de enterobactérias MDR (Savard e Perl, 2012).

2.2 Beta-lactâmicos, β-lactamases e interesse terapêutico

A descoberta e o desenvolvimento dos antibióticos beta-lactâmicos estão entre as realizações mais poderosas e bem sucedidas da ciência e tecnologia modernas. Os antibióticos β-lactâmicos têm uma história rica, inaugurando efetivamente a medicina moderna (Demain e Elander, 1999). O primeiro β-lactâmico foi sintetizado por Staudinger em 1907. A descoberta da penicilina por Fleming em 1929 e o trabalho pioneiro de Florey e Chain pouco depois levaram à sua reputação como um medicamento milagroso (Lewis, 2013). Devido à sua importância clínica superior, os antibióticos β-lactâmicos são os antibióticos mais frequentemente prescritos em todo o mundo e a classe de antibióticos mais bem sucedida descoberta até à data (Pitout *et al.*, 1997). Trata-se de uma vasta classe de antibióticos que consiste em todos os agentes que contêm uma amida cíclica com um anel heteroatómico de três átomos de carbono e um átomo de azoto na sua estrutura molecular (Holten e Onusko, 2000). Todos os antibióticos pertencentes ao grupo dos β-lactâmicos descobertos até à data são semelhantes em termos de estrutura e função. No entanto, os membros variam consoante as cadeias laterais ligadas ao anel (Rolinson, 1998). Este grupo inclui as penicilinas, em que a ogiva química, o anel β-lactâmico de quatro membros, está fundido a um sistema de anéis de enxofre de cinco membros, e as cefalosporinas, em que o β-lactâmico está fundido a um sistema expandido de anéis contendo enxofre. Os membros mais potentes do grupo dos β-lactâmicos antibióticos são os carbapenemes, que compreendem uma família de antibióticos β-lactâmicos fundidos, os monobactâmicos, os antibióticos β-lactâmicos monocíclicos, os clavâmicos, representados pelo clavulanato, que não é em si mesmo um antibiótico, mas um mecanismo baseado na inativação de β-lactamases, e os oxacefem (Denyer et al., 2004). Com base nas suas cadeias laterais, a capacidade de destruir bactérias difere significativamente entre estes antibióticos (Bryskier, 1984).

Os antibióticos β-lactâmicos anteriores eram principalmente activos apenas contra bactérias Gram-positivas, mas o desenvolvimento de fármacos de largo espetro tornou-os activos também contra organismos Gram-negativos e anaeróbios. Uma vez que muitos destes fármacos são bem absorvidos após administração oral, são clinicamente úteis em ambulatório e inúmeras vidas foram salvas graças a estes fármacos milagrosos e aos seus descendentes (Lewis, 2013). Estes antibióticos exercem o seu efeito interferindo com a ligação cruzada estrutural dos peptidoglicanos nas paredes celulares bacterianas (Tham, 2012). O efeito bactericida dos antibióticos β-lactâmicos envolve a inibição da síntese da parede celular, e este efeito ocorre através da desativação de enzimas, que estão localizadas na membrana celular bacteriana durante a 3ª fase de fabrico do peptidoglicano (Giesbrecht *et al.,* 1998). Imitam a sequência natural D-Ala-D-Ala, o substrato natural das proteínas de ligação à penicilina (PBPs). Durante a síntese da parede celular, bloqueiam as PBPs através de uma ligação covalente. As PBPs são enzimas transpeptidases de peptidoglicano que catalisam as etapas finais da formação da parede celular. Quando o peptidoglicano deixa de ser criado, a parede celular bacteriana é normalmente destruída, o que acaba por conduzir à incapacidade de manter a pressão osmótica, levando à destruição da célula bacteriana no seu todo. Foram identificadas várias PBP, que são exclusivas das bactérias (Giesbrecht *et al.,* 1998 e Lee *et al.*, 2000). Além disso, o espetro e os efeitos dos diferentes β-lactâmicos são determinados pelas PBP a que estes antibióticos se ligam (Ghuysen, 1994).

Estas proteínas de ligação à penicilina, quatro a oito em diferentes bactérias, estão todas envolvidas em diferentes etapas das fases finais da síntese da parede celular (Spratt e Cromie, 1988). A danificação da célula bacteriana por radicais hidroxilo também desempenha um papel importante neste processo (Giesbrecht *et al.*, 1998).

O ritmo da sua descoberta e da emergência de resistência a estes antibióticos é particularmente esclarecedor (Essak, 2001). O desenvolvimento da resistência aos antibióticos dá coragem aos investigadores para modificarem as penicilinas de modo a obterem produtos estáveis com propriedades novas e mais úteis (Rolinson, 1998). A resistência à penicilina devido à sua hidrólise foi registada pouco depois, em 1940, após a sua introdução por Abraham e Chain (penicilinase) numa estirpe de *E. coli* (Brown *et al.*, 1976 e Kirby, 1944). No entanto, o efeito clínico desta hidrólise não foi observado até ao início da década de 1950, quando os primeiros isolados de *S. aureus* resistentes aos β-lactâmicos apareceram nos hospitais (Jacoby, 2009). As bactérias tornam-se resistentes aos antibióticos β-lactâmicos por três vias principais: prevenção da difusão do fármaco na célula, tornando os modos de entrada menos acessíveis, hidrólise dos antibióticos β-lactâmicos activos através de lactamases e mutação da bolsa de ligação da PBP para reduzir a afinidade (Pitout *et al.*, 1997). Estes contragolpes de tolerância bacteriana conduziram à formulação de agentes mais potentes com maior espetro de atividade, como as cefalosporinas, os monobactâmicos e, por fim, os carbapenemes (Lewis, 2013).

As enzimas β-lactamases que degradam os antibióticos β-lactâmicos em compostos antimicrobianamente inertes são inteiramente de origem bacteriana e protegem os organismos contra as acções letais desses antibióticos (Medeiros, 1997). Estas enzimas são a principal causa da resistência bacteriana a estes fármacos (Davies, 1994). A β-lactamase é o nome coletivo de enzimas compostas por proteínas com α-hélices e folhas β-pregueadas que abrem o anel β-lactâmico adicionando uma molécula de água à ligação β-lactâmica comum, o que inativa o antibiótico β-lactâmico da penicilina aos carbapenemes (Knox, 1995 e Tham, 2012).

A maioria dos agentes patogénicos Gram positivos, como o *S. aureus*, contém β-lactamases codificadas por cromossomas e são frequentemente induzíveis, ao passo que a β-lactamase TEM-1 (TEM para β-lactamase mediada por plasmídeo, após o nome do primeiro doente "Temoneira" na Grécia na década de 1960), que pode hidrolisar penicilinas, é comum em bactérias Gram negativas (Datta e Kontomichalou, 1965).

2.3 Os carbapenemes, os agentes de última linha e as carbapenemases como arauto da sua ineficácia

Os carbapenemes são o pináculo dos antibióticos beta-lactâmicos com o mais amplo espetro de atividade antibacteriana dos antibióticos atualmente disponíveis (Bonfilgo *et al.*, 2000). São frequentemente utilizados como "agentes de última linha" ou "antibióticos de último recurso" quando os doentes com infecções ficam gravemente doentes ou quando se suspeita que albergam bactérias resistentes (Papp-Wallace *et al.*, 2011). Os antibióticos carbapenemes são produzidos substituindo o enxofre da penicilina por carbono ou os oxígenos dos clavams na posição C-1 e uma ligação insaturada entre C-2 e C-3 do núcleo familiar da penicilina (Kahan *et al.*, 1983). De acordo com Krisztina *et al* (2011), as principais caraterísticas distintivas dos carbapenemes incluem: i) O átomo de carbono na posição C-1 e o grupo hidroxietilo, que desempenha um papel importante na potência e no espetro dos carbapenemes e na sua estabilidade contra as β-lactamases, ii) O anel pirrolidina aumenta a estabilidade e o espetro, iii) A configuração *R* do hidroxietilo aumenta a potência do β-lactâmico, iv) A configuração *trans* dos carbapenemes na ligação C-5/C-6 aumenta a sua potência em comparação com as penicilinas e as cefalosporinas

Núcleo Carbapenem

Coletivamente, a Food and Drug Administration (FDA) aprovou quatro carbapenemes em diferentes períodos de tempo, incluindo o imipenem em 1985, o meropenem em 1996, o ertapenem em 2001 e o doripenem em 2007 (Hilas *et al.*, 2008). Além disso, o panipenem-betamiprão (em 1993) e o biapenem (em 2001) foram aprovados no Japão. Existem outros dois antibióticos experimentais não aprovados, o Razupenem e o Tebipenem, atualmente em preparação (Zhen, 2012). Os principais carbapenemes utilizados clinicamente no Nepal são o imipenem e o meropenem.

Ambos são agentes veterinários da classe dos carbapenemes e são utilizados principalmente para tratar infecções nosocomiais e polimicrobianas moderadas a graves, incluindo infecções intra-abdominais, pneumonia nosocomial, septicemia e neutropenia febril. Devido ao seu espetro de ação mais amplo, têm maior utilidade clínica e, por conseguinte, são mais preferidos em meio hospitalar (Hilas *et al.*, 2008).

O imipenem (N-formimidoil-tienamicina) é um derivado amídico da tienamicina que é 5-10 vezes mais estável do que o composto-mãe. A substituição deliberada de uma fração metil no lugar do enxofre é introduzida para aumentar a atividade bactericida e a estabilidade da β-lactamase (Kahan *et al.*, 1983). A orientação *trans* da fração 6-hidroxietilo confere aos carbapenemes estabilidade à degradação por uma grande variedade de β-lactamases. Esta estabilidade é largamente responsável pela elevada atividade dos carbapenemes contra bactérias gramnegativas (Moellering *et al.*, 1989). No entanto, o imipenem sozinho é degradado pela desidropeptidase-I (DHP-I) renal humana e, consequentemente, é administrado em combinação com o inibidor da enzima DHP-I, a cilastatina, para evitar uma baixa atividade antimicrobiana na urina e uma potencial nefrotoxicidade associada ao metabolismo renal (Craig, 1997). O meropenem tem um amplo espetro de atividade antibacteriana geralmente semelhante ao do imipenem, embora existam algumas diferenças importantes entre os dois carbapenemes (Jones, 1989). A sua estrutura difere da do imipenem por ter um grupo metilo na posição C-1. O meropenem tem também uma cadeia lateral única em C-2 que contribui para uma maior atividade contra organismos gram-negativos e tem uma atividade epileptogénica inferior à do imipenem (Craig, 1997). O meropenem é relativamente estável à DHP-I, pelo que não necessita de ser administrado com qualquer inibidor enzimático (Moellering *et al.*, 1989).

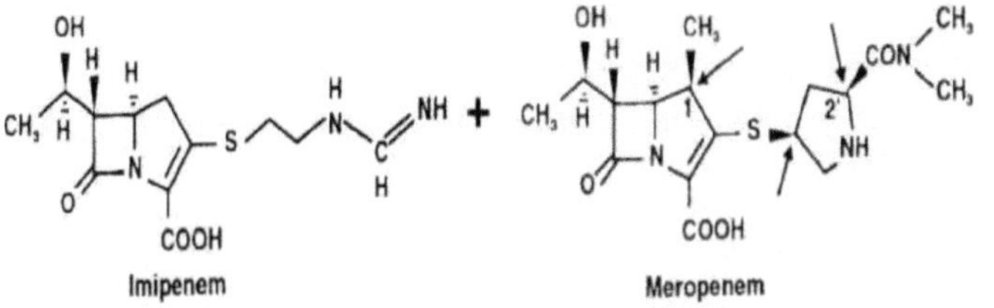

Imipenem

Meropenem

Como uma classe de β-lactâmicos, os carbapenemes não são facilmente difundidos através da parede celular bacteriana e entram nas bactérias Gram-negativas através de proteínas da membrana externa (OMPs), também conhecidas como porinas. Depois de atravessarem o espaço periplasmático, acilam permanentemente as PBPs/enzimas (ou seja, transglicolases, transpeptidases e carboxipeptidases), que catalisam a formação de peptidoglicano na parede celular das bactérias. Por conseguinte, os carbapenemes actuam como inibidores baseados no mecanismo das PBP e podem inibir a reticulação de péptidos, bem como outras reacções de peptidase (Krisztina *et al.*, 2011). Apresentam uma vasta gama de atividade bactericida contra bactérias gram-positivas, gram-negativas e anaeróbias, e são estáveis à maioria das beta-lactamases. Este facto torna-os ideais para o tratamento de infecções nosocomiais graves (Brink *et al.*, 2004). Continuam a ser os fármacos de eleição para os organismos produtores de betalactamases de espetro alargado (ESBL) e de β-lactamases AmpC (Hilas *et al.*, 2008). O meropenem é mais ativo do que o imipenem contra aeróbios gram-negativos, incluindo a família Entcrobactcriaccac. À scmclhança do mcropcncm, o etrapenem também tem maior atividade do que o imipenem contra as Enterobacteriaceae (Hilas *et al.*, 2008). Para além disso, o meropenem e o imipenem apresentam uma atividade semelhante contra *Pseudomonas aeruginosa, Haemophilus influenza, Neisseria gonorrhoeae, Enterococcus* sp. e *Acinetobacter* sp. enquanto o Etrapenem não. No entanto, o meropenem tem uma atividade inferior à do imipenem contra estafilococos (Sanders & Aldridge, 1992) e espécies de *Clostridium* (King *et al.*, 1989). Estes dois compostos têm uma atividade aproximadamente equivalente contra estreptococos e bactérias anaeróbias como o *Bacteroides fragilis* (Murray & Niles, 1990).

O desenvolvimento de carbapenemes com um amplo espetro de atividade antibacteriana foi considerado como uma importante adição ao nosso arsenal terapêutico na luta contra a resistência bacteriana, tendo sido amplamente utilizado como base para o tratamento de infecções causadas por essas estirpes resistentes a antibióticos (Dijkshoorn *et al.*, 2007). No entanto, nos últimos anos, os relatos de Enterobacteriaceae resistentes aos carbapenemes têm aumentado e a resistência adquirida aos carbapenemes nesses agentes patogénicos é um problema crescente em todo o mundo (Nordmann *et al.*, 2011a). As β-lactamases hidrolisantes de carbapenemes, sobretudo designadas por carbapenemases, são as β-lactamases mais potentes, capazes de hidrolisar quase todos os β-lactâmicos e estão presentes sobretudo em bactérias Gram-negativas (Nordmann *et al.*, 2012a). A emergência de enterobactérias resistentes aos carbapenemes é, por conseguinte, preocupante, uma vez que, consequentemente, as opções de tratamento antimicrobiano são muito restritas (Upadhayay *et al.*, 2012).

As carbapenemases incluem as β-lactamases do tipo KPC, SME, VIM, IMP, NDM e OXA (Fupin *et al.*, 2012). Normalmente, a resistência é mediada por carbapenemases, como as metalo-β-lactamases de classe B de Ambler (MBL), bem como por β-lactamases de classe A mediadas por plasmídeos, como a carbapenemase de *Klebsiella pneumoniae* (KPC) e as enzimas β-lactamase de classe D OXA-48 codificadas por elementos de ADN móvel (Birgy *et al.*, 2012). Além disso, a resistência aos carbapenemes em *Enterobacteriaceae* está frequentemente associada à hiperprodução de β-lactamase de espetro alargado (ESBL) ou de β-lactamase AmpC e à perda de porina (Putman *et al.*, 2000 e Tsakris *et al.*, 2009). A carbapenemase mais comum é a KPC, que foi isolada pela primeira vez na Carolina do Norte em 1996 (Yigit, 2001).

As Enterobacteriaceae resistentes aos carbapenemes foram registadas em todo o mundo como consequência, em grande medida, da aquisição de genes de carbapenemases (Ayala *et al.*, 2005; Gupta *et al.*, 2011; Lee, 1991 e Livermore, 1992). Os genes da carbapenemase são frequentemente transportados por plasmídeos e, por vezes, combinados com diferentes elementos móveis, pelo que são facilmente transferidos tanto interespecífica como intra-especificamente (Zhen, 2012). Este facto torna possível a sua rápida transmissão global e faz emergir a tempestade CRE como um novo desafio para as organizações de saúde em todo o mundo.

2.4 Classificação das beta-lactamases

O Comité de Nomenclatura da União Internacional de Bioquímica designou as β-lactamases (EC 3.5.2.6) como "enzimas que hidrolisam amidas, amidinas e outras ligações C-N separadas   com base nos substratos:.................................... amidas cíclicas" (Bush *et al.*, 1995). Estão descritas mais de 700 beta-lactamases distintas (Perez *et al.*, 2007). Todas as β-lactamases são normalmente classificadas de acordo com dois esquemas gerais: o esquema de classificação molecular de Ambler e o sistema de classificação funcional de Bush-Jacoby-Medieros (Ambler, 1980; Ambler *et al.*, 1991; Bush *et al.*, 1995).

O esquema de classificação de Ambler separa as β-lactamases em quatro classes distintas (A-D). A base deste esquema de classificação assenta na homologia de proteínas (semelhança de aminoácidos) e não em caraterísticas fenotípicas. De acordo com este esquema, as classes A, C e D são β-lactamases que utilizam resíduos de serina cataliticamente activos para a inativação dos fármacos β-lactâmicos, enquanto a classe B inclui metalo-β-lactamases que requerem zinco para a sua atividade (Ambler, 1980).

O sistema de classificação de Bush-Jacoby-Medeiros classifica as β-lactamases de acordo com semelhanças funcionais, ou seja, perfis substrato-inibidor. Existem quatro categorias e vários subgrupos neste esquema de classificação: Grupo 1, 2, 3 e 2a, 2c, 3a etc. (Bush *et al.*, 1995). Os Grupos 1, 2 e 3 do sistema de classificação de Bush-Jacoby-Medeiros enquadram-se, respetivamente, na classe molecular C, A/D e B de Ambler. Este esquema de classificação é muito mais aplicável ao médico ou ao microbiologista num laboratório de diagnóstico, uma vez que conseguiram ponderar os inibidores da β-lactamase e os substratos de β-lactâmicos em termos de relevância clínica (Paterson e Bomono, 2005).

2.4.1 Beta-lactamases de espetro alargado

As ESBLs são tipicamente β-lactamases sensíveis a inibidores codificadas por genes móveis (Tham, 2012) que conferem resistência bacteriana através da hidrólise de penicilinas, cefalosporinas de primeira, segunda e terceira geração (como a cefazolina, a cefuroxima, a ceftazidima, a cefotaxima, a ceftriaxona, etc.) e aztreonam, mas não só, e terceira geração de cefalosporinas (como cefazolina, cefuroxima, ceftazidima, cefotaxima, ceftriaxona, etc.) e aztreonam, mas não as cefamicinas (por exemplo, cefoxitina e cefotetan) e os carbapenemes (por exemplo, imipenem e meropenem). São inibidas por inibidores da β-lactamase, como o ácido clavulânico (Bush, 2008). A produção de ESBL é normalmente encontrada em maior proporção em *Escherichia coli* multirresistente, *Klebsiella pneumoniae*, *K. oxytoca*, *Proteus mirabilis*, etc. (Paterson e Bonomo, 2010). Estes produtores de ESBL são mais frequentemente encontrados com coresistências a aminoglicosídeos, fluoroquinolonas, tetraciclinas, cloranfenicol e sulfametoxazol + trimetoprim (Chaudhary e Aggrawal, 2004). A primeira ESBL codificada por plasmídeo foi identificada na Alemanha por Knothe em 1983, capaz de hidrolisar as cefalosporinas de espetro alargado num isolado de *K. ozaenae* (Knothe *et al.*, 1983).

As ESBLs mais frequentemente encontradas pertencem às famílias CTX-M, SHV e TEM (Nalini & Sumathi, 2012). As ESBLs TEM e SHV são enzimas mediadas por plasmídeos que evoluíram através de mutações pontuais das β-lactamases clássicas TEM-1 e SHV-1. SHV refere-se a variável sulfidrilo.

Foi registada pela primeira vez em 1983 em *Klebsiella ozaenae* e é o tipo de ESBL mais frequentemente encontrado em isolados clínicos do que qualquer outro tipo. As ESBL do tipo TEM são os derivados das β-lactamases TEM-1 e TEM-2. São conhecidas mais de 100 β-lactamases do tipo TEM, das quais a maioria são ESBLs (Bonnet *et al.*, 2000). Um outro grupo importante de enzimas ESBL, o tipo CTX-M, evoluiu através da fuga e mutação de β-lactamases cromossómicas de *Kluyvera* spp. O nome CTX reflecte a potente atividade hidrolítica destas β-lactamases em relação às cefotaximas do que às ceftazidimas. As β-lactamases Toho estão estruturalmente relacionadas com os tipos CTX-M e têm uma atividade mais potente em relação à cefotaxima do que à ceftazidima (Thomson, 2010). As enzimas do tipo OXA são assim designadas devido à sua atividade de hidrólise da oxacilina. Estas β-lactamases caracterizam-se por uma hidrólise da cloxacilina e da oxacilina superior a 50% da da benzilpenicilina. Encontram-se predominantemente em *Pseudomonas aeruginosa*. As enzimas do tipo PER hidrolisam eficazmente as penicilinas e as cefalosporinas, mas partilham apenas 25-27% da homologia com os tipos SHV e TEM. Muitas outras ESBLs, quer mediadas por plasmídeos, quer associadas a integrões, como as enzimas da classe A, por exemplo, VEB-1 e BES-1, também foram explicadas (Bonnet *et al.*, 2000; Mavroidi *et al.*, 2001).

Para a deteção laboratorial, o rastreio e a conformação de ESBLs de diferentes tipos, pode ser utilizada a sinergia cefalosorina/clavulanato. As ESBLs TEM & SHV são manifestamente resistentes à ceftazidima e variáveis à cefotaxima. Do mesmo modo, as ESBLs CTX-M são resistentes à cefotaxima e variáveis à ceftazidima. Ao passo que todas as ESBLs apresentam uma resistência óbvia à cefpodoxima, pelo que pode detetar todos os tipos de ESBLs (Livermore e Woodford, 2004).

2.4.2 Beta-lactamases AmpC

As β-lactamases AmpC são cefalosporinases capazes de hidrolisar antibióticos β-lactâmicos em bactérias Gram-negativas, conferindo resistência a uma grande variedade de β-lactâmicos, incluindo 7-α-metoxi cefalosporinas (cefoxitina ou cefotetan), oxiimino cefalosporinas (cefotaxima, ceftazidima, ceftriaxona), monobactam (Jacoby *et al.*, 2009). As β-lactamases AmpC resistem à inibição pelo ácido clavulânico, sulbactam e tazobactam e, por conseguinte, pertencem à classe molecular C. São fracamente inibidas pelo *p-cloromercuribenzoato* e não são de todo inibidas pelo EDTA; no entanto, a cloxacilina, a oxacilina e o aztreonam são bons inibidores (Bush *et al.*, 1995).

A β-lactamase AmpC de *Escherichia coli*, registada em 1940, foi a primeira enzima bacteriana a hidrolisar a penicilina, embora não tenha recebido esse nome (Abraham *et al.*,1940). Quase todas as bactérias gram-negativas, incluindo isolados clinicamente importantes de *Citrobacter freundii, Enterobacter aerogenes, E. cloccae, Morganella morganii, Pseudomonas aeruginosa* e *Serratia marcescens,* sendo *Salmonella* e *Klebsiella* as excepções, produzem AmpC β-lactamase em maior ou menor grau (Tenover *et al.*, 2009).

As enzimas AmpC são de dois tipos: mediadas por plasmídeos e AmpC cromossómicas ou induzíveis (Thomson, 2010). Estas enzimas estão localizadas no periplasma bacteriano, exceto em *Psychrobacter immobilis,* onde são segregadas no meio externo. O gene AmpC codificado por plasmídeo é conhecido desde 1989 e é frequentemente detectado em isolados multirresistentes de *Klebsiella* spp, *Salmonella* spp, *C. freundii, E. aerogenes, P. mirabilis* e *E. coli* (Jacoby, 2009). As enzimas AmpC cromossómicas encontram-se em vários membros de Enterobacteriaceae com baixo nível de expressão de AmpC, mas são induzíveis em resposta à exposição a β-lactâmicos e podem ser expressas em níveis elevados através de mutações. Os β-lactâmicos diferem nas suas capacidades de indução. A benzilpenicilina, a ampicilina, a amoxicilina e as cefalosporinas, como a cefazolina e a cefalotina, são fortes indutores e bons substratos para a β-lactamase AmpC (Hancock e Brinkman, 2002). A cefoxitina e o imipinem são indutores fortes, mas são muito mais estáveis para hidrólise, ao passo que a cefotaxima, a ceftriaxona, a ceftazidima, a cefepima, a cefuroxima, a piperacilina e o aztreonam são indutores fracos e substratos fracos e só podem ser hidrolisados se for produzida enzima suficiente (Livermore, 1987).

2.5 Classificação das carbapenemases

De acordo com a classificação de Ambler, existem três tipos de carbapenemases significativas: Classe-A, Classe-B e Classe-D (Giske *et al.*, 2011). Por vezes, a hiperprodução de β-lactamase de classe C (ou seja, AmpC β-lactamase) com perda de porina também pode conferir resistência aos carbapenemes, mas não é considerada uma enzima carbapenemase (Tsakris *et al.*, 2009).

As carbapenemases de classe A de Ambler têm a capacidade de hidrolisar uma variedade de β-lactâmicos. São parcial ou totalmente susceptíveis a cefalosporinas de espetro alargado, carbapenemes e aztreonam, mas são inibidas por inibidores de β-lactamases, como o ácido clavulânico e o tazobactam (Giske *et al.*, 2011). As enzimas de classe A de Ambler são codificadas por cromossomas, como a carbpenemase-1 *de Serratia marcescens* e *Serratia fonticola,* ou mediadas por plasmídeos, como o imipenem-2, várias variantes de espetro alargado da Guiana e as enzimas carbapenemase de *K. pneumoniae* (KPC) (Nordmann *et al.*, 2009). Algumas das carbapenemases de classe A estão localizadas nos cromossomas, como SME, NMC, IMI, BIC e SFC, enquanto outras, como IMI-2/3, KPC e GES, estão localizadas no plasmídeo (Zhen, 2012).

As enzimas da classe B são metalo-β-lactamases (MBL) que, normalmente, hidrolisam cefalosporinas e carbapenemes de espetro alargado de forma eficiente, mas não o aztreonam. Estas são inibidas por quelantes de catiões divalentes , como o EDTA (Giske *et al.* 2011). As enzimas MBL comuns incluem a IMP, a VIM e a nova enzima NDM-1. Antes de 2009, as carbapenemases do tipo VIM e IMP eram as carbapenemases de classe B mais amplamente disseminadas. (Yong et al., 2009). IMP é o tipo de MBL dominante, mais comum em *P. aeruginosa, A. baumanii, K. pneumoniae, E. coli, Citrobacter* spp. etc. A VIM é o segundo tipo mais predominante de MBL adquirida, descrita pela primeira vez em *P. aeruginosa* e também encontrada em Enterobacteriaceae. Outras MBL, como a SPM-1 e a GIM-1, são tipos importantes de MBL adquiridas. Ambos têm semelhanças com os MBL do tipo IMP. As primeiras MBL foram detectadas em *Bacillus cereus* e podem hidrolisar β-lactâmicos, incluindo penicilinas, cefalosporinas e carbapenemes. Desde então, vários estudos relataram a existência de bactérias Gram negativas produtoras de MBLs isoladas de infecções hospitalares. Verifica-se que o gene resistente do tipo VIM está associado tanto ao cromossoma como ao plasmídeo, mas é sempre transportado nos integrões de classe I ou nos integrões complexos de classe I (Walsh, 2010). Os genes blaIMP também são transportados por integrões e, na sua maioria, são transportados por integrões de classe I localizados em cromossomas, plasmídeos ou transposões, facilitando a transferência (Zhao e Hu, 2011), ao passo que as enzimas NDM mediadas por plasmídeos ainda não foram comunicadas como sendo transportadas por integrões (Zhen, 2012).

Quadro 2: Classificação molecular das carbapenemases

Classe	Grupo	Enzima	Perfil de hidrólise				Perfil de inibição	
			Penicilina	Cephalos porin	Aztreona m	Carbapen em	EDTA	Ácido clavulânico
A	2f	NMC	+	+	+	+	-	+
		IMI	+	+	+	+	-	+
		PME	+	±	+	+	-	+
		KPC	+	+	+	+	-	+
		GES	+	+	-	±	-	+
B	3	IMP	+	+	-	+	+	-
		VIM	+	+	-	+	+	-
		GIM	+	+	-	+	+	-
		SPM	+	+	-	+	+	-
		NDM	+	+	±	+	+	-
D	2d	OXA	+	±	-	±	-	±

As carbapenemases de classe D são também as serino-carbapenemases, para além das carbapenemases de classe A, e referem-se à carbapenemase oxacilinase (OXA). Embora uma caraterística clássica das β-lactamases de classe D seja a inibição por NaCl, não existe nenhum inibidor químico absoluto disponível para estas carbapenemases de classe D (Walther-Rasmussen e Hoiby, 2006). As β-lactamases do tipo OXA hidrolisam a oxacilina a uma taxa superior a 50% da taxa da penicilina benzílica. No entanto, a maior parte das carbapenemases do tipo OXA hidrolisam a oxacilina a uma taxa muito inferior (Bush *et al.*, 1995) e, por conseguinte, estão apenas remotamente relacionadas com as β-lactamases do tipo OXA da classe D. A maioria das carbapenemases do tipo OXA apresenta apenas uma atividade de carbapenemase fraca e, por conseguinte, a resistência aos carbapenemes resulta de uma ação combinada de carbapenemases do tipo OXA e de um mecanismo de resistência secundário, como a permeabilidade alterada, a afinidade reduzida das PBP para os carbapenemes ou o aumento do efluxo (Walther-Rasmussen e Hoiby, 2006). Atualmente, foram identificadas 45 das 121 variantes diferentes de β-lactamases de classe D que apresentam actividades de hidrólise de carbapenemes. A grande maioria das carbapenemases do tipo OXA foi encontrada em espécies não enterobacterianas, especialmente *A. baumanii, P. aeruginosa* e *R. pickettii*. Entre os membros de Enterobacteriaceae, a OXA-23 em espécies de *Proteus* e a OXA-48 em espécies de *Klebsiella* são predominantes (Walther-Rasmussen e Hoiby, 2006). A OXA-48, que é frequentemente encontrada em estirpes *de K. pneumoniae*, é a carbapenemase de classe D mais preocupante. Desde que foi registado pela primeira vez na Turquia, o gene blaOXA-48 é frequentemente encontrado em plasmídeos ou associado a sequências de inserção (Zhen, 2012). Um plasmídeo autotransferível de 62 kb do tipo IncL/M está sempre envolvido na disseminação do gene blaOXA-48 (Poirel *et al.,* 2012).

2.5.1 *Klebsiella pneumoniae* carbapenemase

As enzimas mais frequentes e clinicamente significativas entre as β-lactamases de classe A são as enzimas KPC (Nordmann *et al.*, 2009). O primeiro isolado produtor de KPC foi *K. pneumoniae* da Carolina do Norte, EUA, identificado em 1996 (Arnold *et al.,* 2011). Após a identificação da KPC num isolado de Enterobactérias, verificou-se a sua rápida propagação para outras partes do mundo (Gupta *et al.*, 2011). A descoberta desta β-lactamase codificada por plasmídeo, KPC-1, foi imediatamente seguida pela deteção de outra variante de um único aminoácido, KPC-2, nos EUA (Yigit *et al.*, 2003). Foram registadas cinco outras variantes (KPC-3 a KPC-7) em diferentes países que diferem da KPC-1 e da KPC-2 por uma ou duas substituições de aminoácidos (Nordmann *et al.*, 2009).

A análise genética dos genes blaKPC indica que a sua mobilidade está associada à disseminação de estirpes, plasmídeos e transposões. Embora tenha sido descoberto pela primeira vez num isolado de *K. pneumoniae*, foram também detectados alelos diferentes noutras espécies bacterianas diferentes, como *Enterobacter cloacae, Escherichia coli, Salmonella enteric, Pseudomonas aeruginosa, Acinetobacter baumannii* e *Morganella morganii*. Os genes blaKPC foram geralmente identificados em grandes plasmídeos autotransmissíveis que variam em tamanho e estrutura (Nordmann *et al.*, 2009). Verificou-se que os plasmídeos transferíveis de diferentes grupos, como IncFII, IncN, IncL/M e IncA/C; transposões como *Tn3* e *Tn4401* e muitas sequências de inserção, como *ISKpn6* e *ISKpn7*, contêm genes blaKPC, o que significa a sua rápida disseminação global (Naas *et al.*, 2008; Gomez *et al.*, 2011 e Zhen, 2012).

2.5.2 Nova Deli metalo-β-lactamase

A preocupação mais recente no que respeita às bactérias resistentes aos carbapenemes é o gene da metalo-beta-lactamase-1 de Nova Deli (NDM-1). A nova metalo-carbapenemase recentemente detectada, NDM, tem atraído a atenção da sociedade desde 2009. A NDM-1 não só é uma nova subclasse do grupo B1 de MBL, como também possui novos aminoácidos perto do sítio ativo que a tornam diferente das outras (Yong *et al.*, 2009). O primeiro caso de NDM foi notificado em dezembro de 2009 num cidadão sueco que adoeceu com uma infeção bacteriana resistente a antibióticos que possivelmente adquiriu na Índia e, subsequentemente, verificou-se que, em poucos anos, teve uma rápida disseminação e circulação noutros países da Europa Ocidental, do Norte de África e do Sul da Ásia (OPAS, 2011; Walsh, 2010 e Villa *et al.*, 2012). Desde a descoberta numa estirpe *de Klebsiella pneumoniae*, verificou-se que o NDM-1 tem a capacidade de resistência a quase todos os antibióticos disponíveis, incluindo os carbapenemes (Halaby *et al.*, 2012).

A taxa de propagação do gene que codifica o NDM-1 também é muito elevada. O intercâmbio de genes blaNDM-1 entre isolados bacterianos não relacionados e espécies é encontrado em Enterobacteriaceae e *Acinetobacter baumanii* (Nordmann *et al.*, 2011b). Os genes blaNDM são frequentemente transportados por plasmídeos de diferentes tamanhos, de 35 kb a 167 kb, e pertencem a diferentes grupos de incompatibilidade, como IncA/C, IncL/M, IncFII e IncH. Ao contrário de outras carbapenemases de classe B, *as* blaNDM ainda não são transportadas por integrões com tanta frequência como as VIM e IMP, mas isso não significa que não estejam associadas a integrões. É necessário efetuar muitos estudos sobre o ambiente genético do gene blaNDM (Zhen, 2012).

2.6 Epidemiologia das Enterobacteriaceae resistentes aos carbapenemes

O tratamento das infecções por enterobactérias tem implicado convencionalmente a utilização de β-lactâmicos, aminoglicosídeos e quinolonas. No entanto, o aumento da utilização destes antibióticos resultou no aparecimento generalizado de estirpes resistentes aos antibióticos (Bergogne-Berezin e Towner, 1996). A resistência aos carbapenemes nas Enterobacteriaceae parece ter sido pouco frequente nos Estados Unidos antes de 1992. Os dados do sistema National Nosocomial Infection Surveillance (NNIS) de 1986 a 1990 mostram que apenas 2,3% de 1825 isolados de Enterobacteria testados eram resistentes ao imipenem (Gaynes e Culver, 1992).

Desde então, foi identificada uma grande variedade de carbapenemases em Enterobacteriaceae pertencentes a 3 classes de β-lactamases: as β-lactamases de classe A, B e D de Ambler. Além disso, as cefalosporinases raras codificadas pelo cromossoma (classe C de Ambler) produzidas por Enterobacteriaceae podem possuir uma ligeira atividade alargada em relação aos carbapenemes

(Queenan e Bush, 2007). Não foram comunicados factores de virulência específicos associados à CRE. Os factores de risco associados à aquisição de bactérias produtoras de carbepenemases incluem hospitalização prolongada, internamento em unidade de cuidados intensivos (UCI), dispositivos invasivos, imunossupressão e utilização de múltiplos agentes antibióticos antes da cultura inicial. A malignidade, as úlceras de decúbito, o mau estado nutricional, a cirurgia recente e a hemodiálise são também explicados como os factores associados ao aumento da prevalência de CRE (Bratu *et al.*, 2005).

Atualmente, as carbapenemases em Enterobacteriaceae encontram-se principalmente em *K. pneumoniae* e, em muito menor grau, em *E. coli* e noutras espécies de enterobactérias, com uma prevalência mais elevada no sul da Europa e na Ásia do que noutras partes do mundo (Canton *et al.*, 2012). A prevalência real dos produtores de carbapenemases é ainda desconhecida porque muitos países que são provavelmente os seus principais reservatórios não estabeleceram qualquer protocolo de pesquisa para a sua deteção. A prevalência pode diferir substancialmente, dependendo do país, como se sabe com a atual taxa de prevalência de produtores de ESBL em *E. coli*. Estima-se que a prevalência seja de cerca de 3%-5% na Europa e de mais de 80% no Sul da Ásia e na Índia (Nordmann *et al.*, 2011a). A divulgação da prevalência crescente de tais casos a partir de diferentes regiões geográficas sublinha a importância da vigilância epidemiológica e da deteção na região da morbilidade e mortalidade crescentes de infecções associadas a CRE e alerta para a necessidade de atuação imediata.

2.7 Métodos de deteção e classificação da atividade da carbapenemase

Os testes laboratoriais de deteção de carbapenemases ainda estão a evoluir, dificultados pela heterogeneidade das enzimas e dos hospedeiros, que confere diferentes níveis de suscetibilidade aos carbapenemes. Uma vez que os testes de suscetibilidade aos antibióticos, por si só, não são capazes de detetar todas as carbapenemases, como o baixo nível de KPC, a prevenção e o controlo têm de depender dos laboratórios que realizam os seus testes de deteção (Thomson, 2010). *As Enterobacteriaceae* produtoras de carbapenemases podem causar infecções com tratamento limitado, pelo que a deteção precoce destes isolados produtores de carbapenemases é importante tanto na terapia clínica como no controlo das infecções (Birgy *et al.*, 2012). A deteção fenotípica e a diferenciação da carbapenemase podem ser divididas em 3 etapas diferentes. Em primeiro lugar, é efectuada a despistagem dos produtores de carbepenemase, seguida da conformação da produção de carbepenemase e da diferenciação da enzima em diferentes tipos.

2.7.1 Testes para o rastreio de isolados resistentes aos carbapenemes

2.7.1.1 Método de difusão em disco

De acordo com o Clinical and Laboratory Standards Institute (CLSI), o teste de difusão em disco padrão efectuado em Mulleur Hiton Agar (MHA) com um tamanho de inóculo equivalente a 0,5 McFarland pode rastrear os produtores de carbapenemases entre as Enterobacteriaceae. Os diâmetros da zona de inibição do Ertapenem (10 μg) 16-21 mm ou do Meropenem (10 μg) 14-21 mm em incubação de 16-18 horas a 35 ± 2 °C em ar ambiente são indicativos da produção de carbapenemase, apesar de poderem estar nas actuais categorias interpretativas susceptíveis do teste de sensibilidade. No entanto, o disco de imipenem não é recomendado para efeitos de rastreio (CLSI, 2011).

2.7.1.2 Método de microdiluição em caldo

De acordo com o teste padrão de diluição de microbrotos do CLSI (2011) com pontos de rutura de CIM de Ertapenem ≥2-4 μg/mi, Imipenem ≥2-8 μg/ml ou Meropenem ≥2-8 μgZmi quando realizado em caldo Mueiier Hiton ajustado a catiões 25

(CAMHB) ou na incubação de 16-20 horas a 35 ± 2 °C com ar ambiente é um indicativo da produção de carbapenemase, apesar do facto de poderem estar nas categorias interpretativas susceptíveis.

2.7.2 Testes fenotípicos para confirmação da produção de carbapenemases

Na sequência da deteção de uma suscetibilidade reduzida aos carbapenemes em testes de suscetibilidade de rotina, devem ser aplicados métodos fenotípicos para a deteção de carbapenemases nos isolados rastreados. São descritos vários métodos de deteção de carbapenemases, entre os quais o teste de Hodge modificado e o teste Carba NP (Carbapenemase Nordmann-Poirel) são os mais aplicáveis.

2.7.2.1 Deteção de carbapenemase através do teste de Hodge modificado

De acordo com as diretrizes dos Centers for Disease Control and Prevention (CDC), uma indentação do tipo folha de trevo numa placa de MHA ajustada aos catiões, semeada com o organismo de teste sobre a cultura de relva da diluição 1/10 [th] (em solução salina ou MHB) de *E. coli* ATCC 25922 equivalente a 0,5 McFarland confirma a produção de carbabapenemase entre as estirpes bacterianas suspeitas. Neste teste, 10 μg de disco de suscetibilidade a meropenem ou ertapenem são colocados no centro da placa de teste com o relvado de *E. coli* ATCC 25922. Numa linha reta, o organismo de teste (até quatro organismos na mesma placa com um medicamento) é semeado desde o bordo do disco até ao bordo da placa. A placa é incubada a 35^0 C ± 2^0 C em ar ambiente durante 16-24 horas e examinada para detetar uma indentação do tipo folha de trevo na intersecção do organismo de ensaio e da *E. coli* ATCC 259222 dentro da zona do disco de suscetibilidade aos carbapenemes (CDC, 2009).

2.7.2.2 Deteção rápida da carbapenemase através do teste Carba NP

Nordmann *et al.* (2012a) desenvolveram um método de teste bioquímico baseado na hidrólise in vitro do anel β de um carbapenem para a deteção rápida da produção de carbapenemase. Nesta técnica, uma ansa calibrada (10µl) do isolado bacteriano é ressuspensa num tampão de ysis Tris-Hcl 20 mmol/l, agitada em vórtice durante 1 minuto e incubada à temperatura ambiente durante 30 minutos. A suspensão bacteriana é centrifugada a 10.000 x g à temperatura ambiente durante 5 minutos. A partir daí, são retirados 30 µl de sobrenadante (suspensão bacteriana enzimática) e misturados com 100 µl de cada solução de 3 mg/ml de imipenem mono-hidratado (pH 7,8), 0,5% de solução de vermelho de fenol e 0,1 mmol/l de $ZnSO4$ num tabuleiro de 96 poços. A mistura é incubada a $37^{0}C$ durante um máximo de 2 horas e, em seguida, os resultados são interpretados. A cor dos poços com os extractos de bactérias isoladas produtoras de carbapenemases passa de vermelho a laranja ou amarelo, enquanto que a cor vermelha persistente é um indicativo de teste de carbapenemases negativo.

2.7.3 Testes para a diferenciação fenotípica das enzimas carbapenemases

Nas bactérias, existe uma variedade de carbapenemases, particularmente em Enterobacteriaceae e *Pseudomonas* spp, que podem ser agrupadas em três classes moleculares (A, B e C) de acordo com a sua identidade de aminoácidos (Dortet *et al.*, 2012). A deteção e diferenciação destes tipos em laboratórios clínicos é de extrema importância para a identificação de esquemas terapêuticos adequados e para a implementação de medidas de controlo de infecções (Nordmann *et al.*, 2012a).

2.7.3.1 Ensaio em disco da combinação de inibidores

O teste de disco combinado diferencia os tipos de carbapenemases comparando o tamanho da zona de inibição entre carbapenem e carbapenem mais inibidor. Este teste pode ser utilizado para confirmar a produção de carbapenemases e diferenciar os tipos de enzimas diretamente após o rastreio de isolados resistentes aos carbapenemes. Neste teste, o aumento do tamanho da zona é comparado entre o disco de meropenem e os respectivos discos de meropenem suplementados com ácido fenil borónico (PBA), EDTA e cloxacilina. Os resultados são interpretados da seguinte forma: um aumento ≥5mm do diâmetro da zona de inibição em torno dos discos que contêm ácido borónico e EDTA, em comparação com o diâmetro do disco apenas com meropenem, é considerado um resultado positivo, respetivamente, para a carbapenemase de classe A (e.g. KPC) e carbapenemase de classe B (e.g. MBL), enquanto um aumento ≥5mm no diâmetro em torno de ambos os comprimidos contendo ácido borónico e Cloxacilina sugere a produção de AmpC, uma β-lactamase não carbapenemase de classe C (Ambretti *et al*, 2013; Birgy *et al.*, 2012; Giske *et al.*, 2011; Pournaras *et al.*, 2010).

2.7.3.2 Diferenciação rápida da carbapenemase através do teste Carba NP-II

Dortet *et al.*, (2012) inventaram um teste de base bioquímica denominado Carba NP test-II para a diferenciação rápida de classes moleculares de carbapenemases. Duas alças inoculadas calibradas da estirpe testada, diretamente recuperadas de um ágar Mueller-Hinton, são ressuspensas em tampão de lise Tris-HCl, sujeitas a um procedimento de vórtice durante 1 minuto e posteriormente incubadas à temperatura ambiente durante 30 minutos. Esta suspensão bacteriana é centrifugada a 10.000 *g* à temperatura ambiente durante 5 minutos. Trinta microlitros do sobrenadante, correspondente à suspensão bacteriana enzimática, serão misturados com 100 µl de cada mistura e colocados em 4 micropoços diferentes. No primeiro poço é colocada uma solução diluída de vermelho de fenol com ZnSO4, enquanto no segundo poço é colocada uma solução de vermelho de fenol com ZnSO4 e imipenem mono-hidratado. Da mesma forma, o terceiro poço é vertido com solução de vermelho de fenol contendo ZnSO4, imipenem mono-hidratado e sal de sódio de tazobactam e o quarto poço é colocado com solução de fenol contendo imipenem mono-hidratado e EDTA.

Se houver presença de uma carbapenemase na solução sobrenadante bacteriana, o imipenem será hidrolisado e transformado na sua forma carboxílica, conduzindo assim a uma diminuição do pH que pode ser detectada por uma mudança de cor da solução de vermelho de fenol (vermelho para amarelo-alaranjado). i) Se a cor dos poços que contêm "imipenem + ZnSO4" e "imipenem + EDTA" passar de vermelho a amarelo-alaranjado, mas o poço que contém "imipenem + ZnSO4 + tazobactam" permanecer vermelho, a estirpe produziu uma carbapenemase de classe A de Ambler. ii) Se a cor dos alvéolos que contêm "imipenem + ZnSO4" e "imipenem + ZnSO4 + tazobactam" passar de vermelho a amarelo-alaranjado, mas o alvéolo que contém "imipenem + EDTA" permanecer vermelho, a estirpe é produtora de uma carbapenemase de classe B de Ambler (MBL). iii) Se a cor dos alvéolos que contêm "imipenem + ZnSO4", "imipenem + ZnSO4 + tazobactam" e "imipenem + EDTA" passar de vermelho a amarelo-alaranjado, a estirpe produz uma carbapenemase que não pertence nem à classe A nem à classe B de Ambler e que é provavelmente uma carbapenemase da classe D de Ambler. iv) Se a cor de todos os poços permanecer vermelha, a estirpe não é produtora de carbapenemase. v) Se a cor de todos os poços passar de vermelho para amarelo-alaranjado, o teste é considerado não interpretável.

CAPÍTULO III

3. MATERIAIS E MÉTODOS

3.1 Materiais

A lista completa dos materiais utilizados neste estudo é apresentada no Apêndice A.

3.2 Metodologia

3.2.1 Local do estudo, conceção do estudo e dimensão da amostra

Foi realizado um estudo descritivo transversal no Departamento de Patologia do Hospital Pediátrico Kanti, Maharajgunj, Catmandu, de setembro de 2013 a maio de 2014. Durante o período, foi recolhido um total de 310 isolados de Enterobactérias de 2688 amostras clínicas, que foram processadas de acordo com os métodos laboratoriais padrão. Os doentes com menos de 12 anos de idade ou os seus tutores que visitaram o Departamento de Patologia foram diretamente entrevistados sobre a sua história clínica durante a recolha de amostras. As informações recolhidas dos doentes incluem o nome, a idade, o sexo, a data de início dos sinais e sintomas, a terapêutica anterior e o antibiótico utilizado anteriormente, conforme apresentado no Apêndice B. O certificado de aprovação do Comité de Revisão Institucional (IRC) é anexado ao mesmo.

3.2.2 Recolha e transporte de amostras

As amostras clínicas, tais como sangue, urina, pus, líquido cefalorraquidiano, líquido ascítico, líquido corporal peritoneal, expetoração, fezes e zaragatoas, foram recolhidas e transportadas para o laboratório utilizando procedimentos laboratoriais padrão. A qualidade das amostras clínicas foi avaliada antes do processamento e as amostras impróprias foram rejeitadas ((Murray *et al.*, 2003; Vandepitte *et al*, 2004 e Vasantakumari, 2009), tendo sido solicitado aos doentes que apresentassem outra amostra de forma correta.

Amostras de urina

Pediu-se aos doentes que colhessem 10-20 ml de urina limpa colhida no primeiro dia de manhã, a meio do jato, num recipiente estéril, seco, de gargalo largo e estanque, dando instruções ao doente para não parar e reiniciar o sistema urinário para uma colheita de urina a meio do jato, mas de preferência para mover o recipiente no caminho da urina já expelida. O recipiente era então corretamente etiquetado e imediatamente entregue ao laboratório, juntamente com o formulário de pedido, logo que possível, para processamento posterior. Se não fosse possível a entrega imediata, as amostras eram refrigeradas a 4-6^{0}C.

Amostras de sangue

Foi escolhida a veia adequada do doente e a área foi limpa com álcool a 70%. Para a hemocultura, foram colhidos assepticamente menos de 5 ml de sangue. Depois de retirar a agulha da seringa, o sangue foi imediatamente transferido para um frasco estéril contendo 10 ml de caldo Brain Heart Infusion (BHI) .

Pus (e exsudados de feridas)

As amostras de pus e exsudado da ferida foram recolhidas por aspiração de um abcesso localizado utilizando uma agulha e uma seringa pelo cirurgião antes da aplicação do penso antissético. O cirurgião foi aconselhado a obter várias pequenas amostras representativas de tecido e quaisquer exsudados purulentos e, se possível, a evitar cotonetes. As amostras foram etiquetadas e transportadas para o laboratório logo que possível para processamento posterior.

Fluidos corporais

Os fluidos corporais, como o líquido cefalorraquidiano, o líquido ascítico e o líquido peritoneal, foram colhidos assepticamente por médicos experientes. As amostras foram transportadas para o laboratório o mais rapidamente possível.

Outras amostras clínicas

Outros espécimes clínicos, como fezes, expetoração e esfregaços de garganta, foram recolhidos e transportados para o laboratório através de procedimentos laboratoriais normais.

3.2.3 Processamento de amostras

3.2.3.1 Cultura de amostras clínicas

A cultura das amostras clínicas foi efectuada através de procedimentos laboratoriais normalizados, como se segue:

Cultura de urina

As amostras de urina foram cultivadas em placas de ágar MacConkey e ágar-sangue através da técnica de cultura semi-quantitativa utilizando uma ansa padrão calibrada

-       Uma ansa (que fornece 0,01 ml) foi imersa verticalmente logo abaixo da superfície da amostra de urina não centrifugada bem misturada.

-       Em seguida, uma gota de urina foi semeada na placa e as placas foram incubadas a 37^0C durante a noite.

-       A contagem de colónias foi efectuada de modo a calcular o número de UFC por ml de urina e a contagem bacteriana foi indicada como: menos de 10^4/ml organismos: **não significativo**, 10^4-10^5/ml organismos: **significado duvidoso** (sugerido para repetir a amostra) e mais de 10^5/ml organismos: **bacteriúria significativa.**

A cultura com a presença de dois uropatógenos, ambos mostrando crescimento significativo, identificação definitiva e teste de suscetibilidade antimicrobiana de ambos foram realizados, enquanto que em casos de ≥ 3 patógenos, foi relatado como múltiplos morfotipos bacterianos e solicitado para a recolha adequada com entrega atempada ao laboratório (Isenberg, 2004).

Cultura de sangue

O caldo BHI com a amostra foi incubado a 37°C durante 4 dias consecutivos (96 horas). A turvação ou qualquer alteração visual no frasco de cultura foi observada, anotada e subcultivada em ágar MacConkey, ágar Xilose Lisina Desoxicolato e ágar Sangue todos os dias até 4 dias (até que não se detectasse qualquer crescimento). A placa de ágar-sangue foi incubada durante a noite a 37°C em condições microaerofílicas utilizando um frasco de vela enriquecido com dióxido de carbono (5-10%), enquanto as outras duas placas foram incubadas a 37°C durante a noite em condições aeróbicas (Phillips e Eykyn, 1990 e Vandepitte *et al.*, 2004).

Cultura de pus (ou exsudado de ferida)

A inoculação dos espécimes recolhidos foi efectuada em conformidade em ágar-sangue e ágar MacConkey. A placa de ágar-sangue foi incubada durante a noite a 37°C em condições microaerofílicas utilizando um frasco de vela enriquecido com dióxido de carbono (5-10%), enquanto a placa de ágar MacConkey foi incubada a 37°C durante a noite em condições aeróbicas (Cheesbrough, 2006).

Cultura de fluidos corporais

As amostras foram inoculadas nas placas de ágar chocolate, ágar sangue e ágar MacConkey, por ordem. As placas de ágar-sangue e ágar-chocolate foram incubadas num frasco de vela (5-10% CO_2) a 37°C durante uma noite e as placas de ágar MacConkey foram incubadas a 37°C numa incubadora durante uma noite (Collee *et al.*, 1996 e Isenberg, 2004).

Cultura de outras amostras clínicas

Outras amostras clínicas, como a expetoração e as zaragatoas da garganta, foram inoculadas em placas de ágar-sangue e de ágar MacConkey. As placas de ágar-sangue foram incubadas a 37°C durante uma noite num ambiente de 5-10% de CO_2 num frasco de vela, enquanto a placa de ágar MacConkey foi incubada a 37°C durante uma noite em ar ambiente. No entanto, as amostras de fezes após enriquecimento com caldo selenito-F foram inoculadas em ágar Xilose Lisina Desoxicolato (XLD) juntamente com ágar MacConkey e ágar sangue (Cheesbrough, 2006).

3.2.3.2 Isolamento e identificação de bactérias

As amostras bacterianas dos meios selectivos e diferenciais foram posteriormente inoculadas em Ágar Nutriente (NA) e incubadas durante a noite a 37^0C para isolamento de culturas puras. As bactérias isoladas foram identificadas utilizando ferramentas e técnicas microbiológicas padrão, tal como descrito no Manual de bacteriologia sistémica de Bergey (Brenner *et al.*, 2005), que envolve as propriedades morfológicas, de coloração e bioquímicas. O procedimento de coloração de Gram é mencionado no Apêndice-C, enquanto os testes bioquímicos são descritos no Apêndice-D. A composição dos vários meios e corantes utilizados e os respectivos protocolos de preparação são descritos no Apêndice-E.

3.2.4 Teste de suscetibilidade a antibióticos

O teste de suscetibilidade antimicrobiana de membros de Enterobacteriaceae a vários antibióticos foi realizado através do método de difusão em disco de Kirby-Bauer modificado, tal como recomendado pelo Clinical and Laboratory Standards Institute (CLSI, 2011), em ágar Muller Hilton, que é apresentado no apêndice F. Antibióticos como a amoxicilina, a amicacina, o aztreonam, o cotrimoxazol, a ciprofloxacina, a ceftriaxona, a cefotaxima, a ceftazidima, a cefexima, a doxiciclina, a gentamicina, o imipenem e o meropenem foram utilizados para o teste de suscetibilidade antimicrobiana e o gráfico interpretativo do tamanho da zona é apresentado no Apêndice-G. Por fim, os isolados que produzem β-lactamase foram selecionados conforme descrito por Livermore e Brown (2001) e os isolados multirresistentes (MDR) foram selecionados conforme descrito por Magiorakos *et al.,* (2012).

3.2.5 Rastreio da produção de ESBL e de carbapenemases

Os isolados bacterianos que apresentavam um diâmetro da zona de inibição de Ceftazidima ≤ 22 mm, Aztreonam ≤ 27 mm, Cefotaxima ≤ 27 mm e Ceftriaxona ≤ 25 mm foram rastreados como possíveis estirpes de enterobacteriaceae produtoras de ESBL, com exceção de *P. mirabilis*, para as quais Ceftazidima ≤ 22 mm e Cefotaxima ≤ 27 mm foram consideradas como critérios de rastreio (CLSI, 2011).

Os isolados que produziram um diâmetro de zona de Meropenem de< 21 mm foram analisados como um indicativo da produção de carbapenemases (CLSI, 2011).

Todos os isolados selecionados foram conservados em glicerol a 20% contendo caldo de soja tríptico até à realização dos testes subsequentes.

3.2.6 Confirmação fenotípica da produção de ESBL

Os fenótipos produtores de ESBL foram detetados e diferenciados através do método de difusão em disco combinado (CLSI, 2011) utilizando combinações "CTX/CTX+CV" (Cefotaxima versus Cefotaxima mais Clavulanato) e "CAZ/CAZ+CV" (Ceftazidima versus Ceftazidima mais Clavulanato) (Anexo-H). Um aumento do diâmetro da zona de ≥5 mm na presença de clavulanato, em qualquer um dos conjuntos, confirmou que as bactérias eram produtoras de ESBL. Os isolados que deram resultados positivos com a combinação "CTX/CTX+CV" foram considerados como produtores de ESBL CTX-M, enquanto os que deram resultados positivos com a combinação "CAZ/CAZ+CV" foram considerados como produtores de ESBL TEM/SHV. Os isolados que deram resultados positivos com ambas as combinações foram classificados como classe indefinida (Jorgensen *et al.*, 2010 e Livermore e Woodford, 2004).

3.2.7 Confirmação fenotípica da produção de carbapenemase

A confirmação da produção de carbapenemases foi determinada pelo teste de Hodge modificado (CDC, 2009), conforme descrito no Apêndice I. O padrão de suscetibilidade aos antibióticos dos isolados resistentes aos carbapenemes é apresentado no Apêndice-L.

3.2.8 Diferenciação fenotípica de classes moleculares de β-lactamases hidrolisadoras de carbapenemes

A diferenciação das classes moleculares foi feita com uma pequena otimização do teste de combinação de discos: CDT (Ambretti *et al.*, 2013 e Birgy *et al.*, 2012). Para tal, foi preparado um relvado de 0,5 McFarland de bactérias de teste numa placa de ágar Mueller Hinton ajustada ao catião. Foram colocados quatro discos em locais diferentes em cada placa; Meropenem, Meropenem-PBA, Meropenem-EDTA e Meropenem- Cloxacilina, conforme descrito no Anexo-J. O aumento da zona de inibição em ≥5 mm à volta do disco de meropenem com PBA foi considerado como indicativo da produção de carbapenemase de classe A (ou seja, KPC), com EDTA como indicativo da produção de carbapenemase de classe B (ou seja, MBL) e com PBA e EDTA como indicativo da coprodução das enzimas KPC e MBL. No entanto, um aumento do tamanho da zona com PBA e cloxacilina foi considerado como a presença de classe C (AmpC β-lactamase) com perda de porina, mas não da enzima KPC.

3.3 Controlo de qualidade

O equipamento de laboratório, como a incubadora, o frigorífico, a autoclave e o forno de ar quente, foi regularmente controlado quanto à sua eficiência. Os meios reagentes e os discos de antibióticos foram regularmente monitorizados quanto ao seu fabrico e data de validade e armazenamento adequado. A qualidade dos meios preparados foi verificada através da incubação de uma placa de cada lote para testes de esterilidade e foram cultivadas e incubadas estirpes de controlo padrão para testes de desempenho. Foram utilizadas estirpes de controlo de *E. coli* (ATCC 25922) para a normalização do teste Kirby-Bauer e também para a interpretação correta da zona de diâmetro. A qualidade dos testes de inibição baseados no inibidor do teste de Hodge modificado foi avaliada por *K. pneumoniae* ATCC BAA 1705 e *K. pneumoniae* ATCC BAA 1706 e a qualidade dos testes de sensibilidade foi mantida mantendo a espessura do MHA a 4 mm e o pH a 7,2-7,4 Foram mantidas condições assépticas rigorosas durante a realização de todos os procedimentos.

3.4 Processamento e análise de dados

Processamento de dados: Foram utilizadas abordagens de recolha, introdução, validação, ordenação, resumo, agregação, organização e monitorização de dados para produzir dados de qualidade. Foi mantida uma cópia de segurança de todos os dados (tanto em papel como em suporte informático). Além disso, foram mantidos os resultados, especialmente das experiências laboratoriais, tais como dados de origem, fotografias, erros observados e medidas corretivas tomadas, e comentários sobre cada atividade.

Análise dos dados: Todos os dados do estudo foram introduzidos numa base de dados informatizada utilizando um formato normalizado, verificados quanto a erros e verificados. Os dados mantidos nas folhas do computador foram organizados utilizando o software Statistical Package for Social Science (SPSS) (versão 19.0) e analisados conforme indicado em Anexo-M.

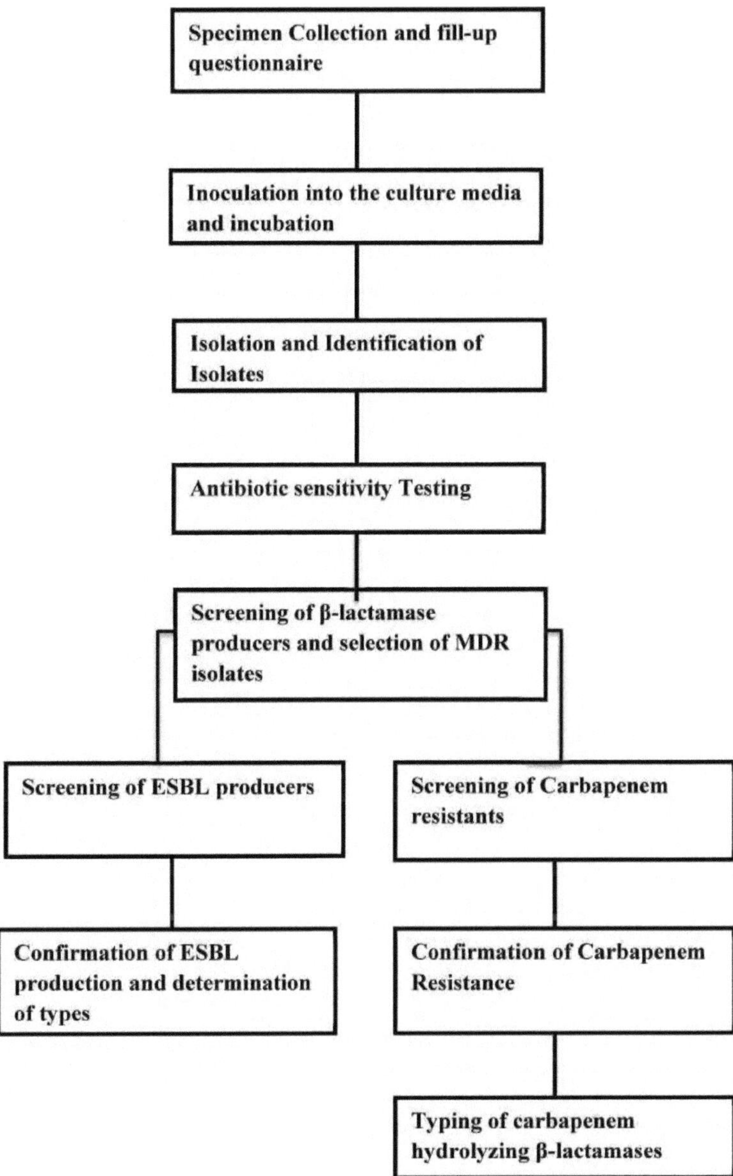

Fig 1 : Conceção da investigação

CAPÍTULO IV

4. RESULTADOS

4.1 Distribuição de Enterobacteriaceae

4.1.1 Distribuição por género em diferentes amostras clínicas

Foi identificado um total de 310 isolados de enterobactérias patogénicas a partir de 2.688 amostras clínicas, entre as quais 1.153 eram de mulheres e 1.535 de homens. O crescimento foi significativamente mais elevado, ou seja, 237 (76,5%) na amostra de urina, enquanto o menor número de agentes patogénicos, ou seja, 4 (1,3%), foi encontrado em cada uma das outras amostras de fluidos corporais (expetoração, fezes, esfregaços da garganta, amostra de tubo endotraqueal), conforme mencionado na Figura 2.

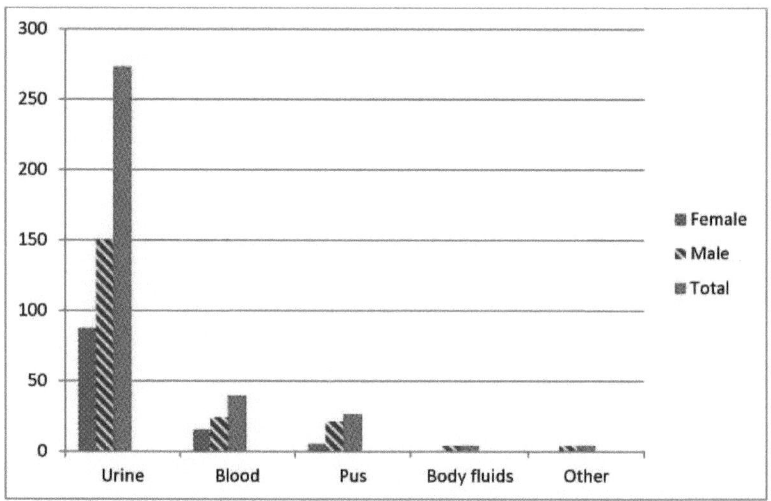

Fig 2: Distribuição por género dos agentes patogénicos enterobacterianos em diferentes amostras clínicas

4.1.2 Distribuição por género em crianças de diferentes idades

Entre o total de casos, o maior número de crescimento foi encontrado no grupo etário inferior a 2 anos em ambos os géneros. Nos doentes do sexo masculino, observou-se um índice de crescimento enterobacteriano mais baixo de 17 (5,5%) isolados em crianças do grupo etário dos 4-6 anos; no entanto, no sexo feminino, verificou-se que o grupo etário dos 6-12 anos apresentava um crescimento mínimo significativo com 16 (5,2%) isolados patogénicos entre todos. A idade das crianças foi dividida em quatro grupos diferentes de acordo com o sistema de classificação da função motora grosseira (GMFCS) e o crescimento significativo de enterobacetiaceae foi calculado de acordo com o género do paciente, conforme indicado na Figura 3.

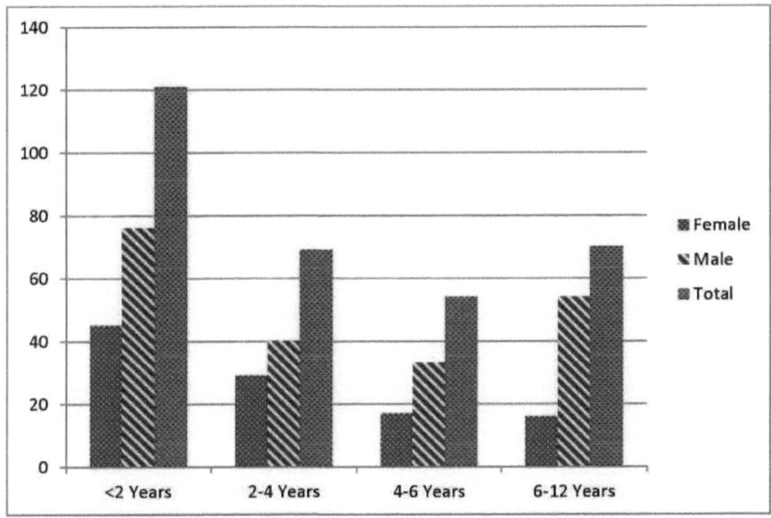

Fig. 3: Distribuição por género dos agentes patogénicos enterobacterianos em crianças de diferentes grupos etários

4.1.3 Distribuição das espécies em diferentes espécimes clínicos

Um total de 310 enterobacteriaceae pertencentes a 10 espécies diferentes foram isoladas de diferentes amostras clínicas. *A E. coli* foi a bactéria mais predominante, constituindo 198 (63,9%) de todos os agentes patogénicos encontrados, seguida da *K. pneumoniae* 38 (12,3%) e da *S.* Typhi 24 (7,7%). No entanto, a menor contagem de crescimentos foi de 2 (0,7%) em cada um dos *Citrobacter* sp. e *Enterobacter* sp. (Quadro 3).

Tabela 3: Perfil enterobacteriano de diferentes amostras clínicas

Organismos	Urina	Sangue	Pus	Fluidos corporais	Outros	Total
E. coli	182	2	14	0	0	198
K. pneumoniae	21	6	5	2	4	38
K. oxytoca	10	0	3	2	0	15
M. morganii	4	0	0	0	0	4
S. Typhi	3	21	0	0	0	24
S. Paratyphi-A	0	8	0	0	0	8

Citrobacter sps.	0	2	0	0	0	2
Enterobacter sps.	2	0	0	0	0	2
P. vulgaris	6	0	4	0	0	10
P. mirabilis	9	0	0	0	0	9
Total	237	39	26	4	4	310

4.2 Padrão de suscetibilidade antibacteriana

4.2.1 Ação de diferentes antibióticos em isolados de enterobactérias

Entre os 13 antibióticos utilizados no estudo, os carbepenemes foram o fármaco mais eficaz, tendo o imipenem sido sensível a 89,4% dos isolados e o meropenem a 84,8% dos isolados. Esta configuração foi seguida por outros antibióticos, como a amicacina (79,0%), o azteronam (77,1%), a doxiciclina (73,9%) e a gentamicina (67,1%), enquanto os β-lactâmicos inferiores, como a amoxicilina (18,7%) e as cefalosporinas, foram os menos sensíveis às enterobacteriaceae, como se mostra no Quadro 4.

Tabela 4: Sensibilidade dos antibióticos em relação às Enterobacteriaceae

Antibióticos utilizados	Suscetível		Intermediário		Resistente	
	Frequência	%	Frequência	%	Frequência	%
Amicacina	245	79.0	12	3.9	53	17.1
Amoxicilina	58	18.7	5	1.6	247	79.7
Aztreonam	239	77.1	0	0.0	71	22.9
Cefexime	92	29.7	2	0.6	216	69.7
Cefotaxima	107	34.5	7	2.3	196	63.2
Ceftazidima	98	31.6	8	2.6	204	65.8
Ceftriaxona	97	31.3	3	1.0	210	67.8
Ciprifloxacina	106	34.2	8	2.6	196	63.2
Cotrimoxazol	117	37.7	4	1.3	189	61.0
Doxiciclina	229	73.9	6	1.9	75	24.2
Gentamicina	208	67.1	7	2.3	95	30.7
Imipenem	277	89.4	7	2.3	26	8.4
Meropenem	263	84.8	6	1.9	41	13.2

4.2.2 Padrão de resistividade antibiótica de agentes patogénicos enterobacterianos

Em *E. coli*, verificou-se que o imipenem era o fármaco mais eficaz de entre todos os antibióticos utilizados, sendo resistente apenas a 10/198 (5,5%). Do mesmo modo, 22/198 (11,1%) foram considerados resistentes ao meropenem, seguindo-se a amicacina 29/198 (14,6%), o azteronam 42/198 (21,2%) e a doxiciclina 43/198 (21,7%).

Foi observado um padrão de suscetibilidade muito semelhante ao da *E. coli* na *Klebsiella* sp. O imipenem e o meropenem foram sensíveis a todos os isolados de *K. oxytoca*, ao passo que a resistência dos isolados de *K. pneumoniae* aos medicamentos foi detectada em 10/38 (26,3%) imipenem, 12/38 (31,6%) meropenem e 11/38 (28,9%) doxiciclina, que foram os medicamentos com uma resistência mínima dos isolados em comparação com outros antibióticos.

Verificou-se que *a M. morganii* adquiriu resistência à maioria dos antibióticos, com exceção dos carbapenemes e das fluoroquinolonas. Muito interessante,

Verificou-se que 100% dos isolados eram resistentes à amoxicilina 4/4 e à doxiciclina 4/4, enquanto apenas 50% eram resistentes a quaisquer outros antibióticos. O azteronam foi o fármaco mais eficaz contra *o Citrobacter* sp., enquanto a amicacina e a ciprofloxacina foram os que tiveram maior efeito contra as espécies *Enterobacter*. Por conseguinte, *o Citrobacter* sp. e *o Enterobacter* sp. eram resistentes à maioria dos outros antibióticos.

Foi detectado um maior número de resistências à ciprofloxacina na *Salmonella* sp. e observou-se um padrão de resistividade muito diversificado nas espécies de *Proteus*, cujos pormenores são apresentados no quadro 5.

Quadro 5: Número de patogéneos enterobacterianos resistentes a agentes antimicrobianos

Organismos	AK	AMX	AZM	CFM	CTX	CAZ	CTR	CIP	COT	DOX	GEN	IMP	MRP
E. coli	29	169	42	156	143	150	155	137	133	43	55	10	22
K. pneumonia e	13	36	15	33	30	25	30	24	29	11	22	10	12
K. oxytoca	3	8	3	8	6	8	6	4	6	4	9	0	0
M. morganii	0	4	2	2	2	2	2	2	2	4	0	0	0
S. Typhi	0	10	3	3	3	5	3	17	3	3	3	0	1
S. Paratyphi A	2	2	0	0	0	0	0	4	0	0	0	0	0
Citrobact er spp.	2	2	0	2	2	2	2	2	2	2	2	1	1
Enterobac ter spp.	0	2	2	2	2	2	2	0	2	2	2	2	2
P. vulgaris	4	10	4	8	8	10	8	4	8	4	2	3	3
P. mirabilis	0	4	0	2	0	0	2	2	4	2	0	0	0

AK:Amicacina; AMX:Amoxicilina; AZM:Azteronam; CFM:Cefexime; CTX:Cefotaxima; CAZ:Ceftazidima; CTR:Ceftriaxona; CIP:Ciprofloxacina; COT:Cotrimoxazol; DOX:Doxicilina; GEN:Gentamicina; IMP:Imipenem e MRP:Meropenem

4.3 Produção de beta-lactamases em isolados de Enterobactérias

Entre os 310 isolados, 251 (81%) foram identificados como produtores de β-lactamase. A percentagem mais elevada de produtores de β-lactamase foi encontrada em *Citrobacter* 2/2 (100%),

Enterobacter 2/2 (100%) e *P. vulgaris* 10/10 (100%), seguidos de *E. coli* 180/198 (90,9%) e *K. pneumoniae* 36/38 (86,8%). Em contrapartida, foram encontradas frequências mais baixas de produção de β-lactamase em *P. mirabilis* (44,4%), *Salmonella* Typhi (33,3%) e *Salmonella* Paratyphi-A (25%). No entanto, em *K. oxytoca* 8/15 (53,3%) e *M. morganii* 2/4 (50,0%), a proporção de produtores de β-lactamase foi considerada média (Quadro 6).

Tabela 6: Distribuição dos produtores de β-lactamases

Organismos	Produtores de β-lactamases		Não produtores de β-lactamases		Total
	Não	%	Não	%	
E. coli	180	90.9	18	9.1	198
K. pneumoniae	33	86.8	5	13.2	38
K. oxytoca	8	53.3	7	46.7	15
M. morganii	2	50.0	2	50.0	4
S. Typhi	8	33.3	16	66.7	24
S. Paratyphi A	2	25.0	6	75.0	8
Citrobacter sp.	2	100	0	0	2
Enterobacter sp.	2	100	0	0	2
P. vulgaris	10	100	0	0	10
P. mirabilis	4	44.4	5	55.6	9
Total	251	81.0	59	19.0	310

4.4 Resistência a múltiplos fármacos entre isolados de Enterobactérias

A identificação e a quantificação de isolados multirresistentes foram efectuadas conforme descrito por Magiorakos *et al.*, (2012). Dos 310 isolados, 213 (68,7%) foram identificados como estirpes MDR, em que todos os isolados pertencentes ao género *Citrobacter* e *Enterobacter* foram detectados como MDR. O número de estirpes MDR em *K. pneumoniae* 31/38 (81,6%), *P. vulgaris* 8/10 (80,0%) e *E. coli* 149/198 (75,3%) foi maior do que em *K. oxytoca* 8/15 (53,3%), *M. morganii* 2/4 (50,0%) e *P. miribilis* 4/9 (44,4%). Em contrapartida, observou-se que *a Salmonella* Paratyphi-A 2/8 (25,0%) e *a Salmonella* Typhi 5/24 (20,8%) incluíam uma menor proporção de estirpes MDR em comparação com as outras (Quadro 7).

Tabela 7: Distribuição dos isolados multirresistentes

Organismos	MDR		Não-MDR		Total
	Não.	%	Não.	%	
E. coli	149	75.3	49	24.8	198

K. pneumoniae	31	81.6	7	18.4	38
K. oxytoca	8	53.3	7	46.7	15
M. morganii	2	50	2	50.0	4
S. Typhi	5	20.8	19	79.2	24
S. Paratyphi A	2	25.0	6	75.0	8
Citrobacter spp.	2	100	0	0	2
Enterobacter spp.	2	100	0	0	2
P. vulgaris	8	80.0	2	20.0	10
P. mirabilis	4	44.4	5	55.6	9
Total	213	68.7	97	31.3	310

4.5 Produção de ESBL em Enterobacteriaceae

Do conjunto de 310 isolados de enterobactérias, 213 foram selecionados como possíveis produtores de ESBL. Entre eles, 89 eram verdadeiros produtores de ESBL, 17 foram considerados resistentes a todas as combinações do teste de ESBL. Dos produtores de ESBL, 63 eram *E. coli*, dos quais 14 eram do tipo CTX-M, 31 do tipo TEM/SHV e 18 eram de classe indefinida. Do mesmo modo, verificou-se que 15 produtores de ESBL de *K. pneumoniae* estavam distribuídos por 8 do tipo CTX-M, 2 do tipo TEM/SHV e 5 indefinidos. Apenas a produção de ESBL do tipo CTX-M foi observada em 2 de cada isolado *de K. oxytoca, M. morganii* e *Enterobacter*, enquanto todos os 2 isolados de *P. vulgaris* estavam a produzir ESBL do tipo TEM/SHV. Contrariamente, as combinações CTX e CAZ foram positivas em todos os 2 isolados *de P. vulgaris* e 3 de *S.* Typhi e permaneceram de classe indefinida, ao passo que nenhum isolado de *S.* Paratyphi-A foi rastreado ou confirmado como produtor de ESBL (quadro 8).

Tabela 8: Padrão de produção de ESBL em Enterobacteriaceae

Organismos	Suspeito d Produtores de ESBLs	Tipos de ESBLs			Total de produtores de ESBLs	Resistência t
		CTX-M	TEM/SHV	Classe indefinida		
E. coli	155	14	31	18	63	10
K. pneumoniae	33	8	2	5	15	2
K. oxytoca	6	2	0	0	2	1
M. morganii	2	2	0	0	2	0
S. Typhi	3	0	0	3	3	0
S. Paratyphi A	0	0	0	0	0	0
Citrobacter sp.	2	0	0	0	0	2

Enterobacter sp.	2	2	0	0	0	0
P. vulgaris	8	0	2	0	2	2
P. mirabilis	2	0	0	2	2	0
Total	213	28	35	28	89	17

4.6 Resistência aos carbapenemes em produtores de β-lactamases

Das 310 bactérias, um total de 49 bactérias eram suspeitas de serem resistentes aos carbapenemes, selecionadas a partir de 251 isolados produtores de β-lactamases e 23 (7,4% de 310) foram confirmadas como resistentes aos antibióticos carbapenemes. Entre estes isolados resistentes, a maioria era *E. coli* (12/23) e *K. pneumoniae* (8/23). Os restantes foram *S.* Typhi (1/23) e *Citrobacter* (2/23), enquanto todas as outras bactérias foram confirmadas como sensíveis ao carbarbapenem. Os resultados de MHT de todos os 3 isolados de *P. vulgaris* que se suspeitava anteriormente serem resistentes aos carbapenemes não eram interpretáveis e, por conseguinte, foram diretamente encaminhados para o processo de tipagem juntamente com as estirpes positivas para MHT (Tabela 9).

Quadro 9: Padrão de resistência aos carbapenemes nos produtores de β-lactamases

Organismos	Produtores de β-lactamases		Suspeita CRE	CRE (+ve MHT)		Não interpretável		Bactérias totais
	Não.	%		Não.	%	Não.	%	
Escherichia coli	180	90.9	26	12	6.0	0	0	198
K. pneumoniae	33	86.8	12	8	21.1	0	0	38
K. oxytoca	8	53.3	1	0	0	0	0	15
M. morganii	2	50.0	0	0	0	0	0	4
S. Typhi	8	33.3	3	1	4.2	0	0	24
S. Paratyphi A	2	25.0	0	0	0	0	0	8
Citrobacter sp.	2	100	2	2	100	0	0	2
Enterobacter sp.	2	100	2	0	0	0	0	2
P. vulgaris	10	100	3	0	0	3	30.0	10
P. mirabilis	4	44.4	0	0	0	0	0	9
Total	251	81.0	49	23	7.4	3	1.0	310

4.7 Diferenciação de classes moleculares de β-lactamases em CRE

4.7.1 Distribuição por espécie das classes moleculares de enzimas

Entre os 23 isolados MHT positivos, verificou-se que um total de 4 deles, em quantidades iguais de *E. coli* e *K. pneumoniae*, produziam carbapenemase molecular de classe A. Do mesmo modo, foram detectadas 11 carbapenemases de classe B, distribuídas da seguinte forma: 5 em *E.* coli, 3 em *K.* pneumoniae, 1 em *S.* Typhi e 2 em *Citrobacter sp.* O padrão dos tipos moleculares de β-lactamases é apresentado no quadro 10.

Quadro 10: Padrão de distribuição dos tipos moleculares de β-lactamases hidrolisantes de carbapenemes

Organismos	β-lactamases hidrolisadoras de carbapenemes					Não produtor	Total
	Classe A	Classe B	Classe C	Classe A+B	Não Classificados		
Escherichia coli	2	5	1	1	3	186	198
K. pneumoniae	2	3	2	0	1	30	38
K. oxytoca	0	0	0	0	0	15	15
M. morganii	0	0	0	0	0	4	4
S. Typhi	0	1	0	0	0	23	24
S. Paratyphi A	0	0	0	0	0	8	8
Citrobacter sp.	0	2	0	0	0	0	2
Enterobacter sp.	0	0	0	0	0	2	2
P. vulgaris	0	0	0	0	0	10	10
P. mirabilis	0	0	0	0	0	9	9
Total	4	11	3	1	4	287	310

Do mesmo modo, a β-lactamase de classe C foi detectada em 1 *E.* coli e 2 *K. pneumoniae*, mas a produção combinada de carbapenemase de classe A e de classe B só foi detectada num único isolado MHT positivo de *E. coli.* Em contrapartida, 3 isolados *de E. coli* e 1 de *K. pneumoniae*, que foram anteriormente confirmados como bactérias MHT positivas, foram posteriormente considerados não produtores das 3 classes (A, B e C) de β-lactamases e permaneceram não classificados. Além disso, todos os 3 isolados MHT não interpretáveis de *P. vulgaris*, que foram diretamente processados para tipagem de carbapenemases, foram considerados não hidrolisadores de antibióticos carbapenemes e considerados estirpes sensíveis aos carbapenemes.

4.7.2 Sensibilidade dos antibióticos a diferentes classes de produtores de carbapenemases

Entre os 13 antibióticos diferentes, o imipenem foi o fármaco mais eficaz, tendo 5 isolados de CRE (2 Classe B, 3 Classe C) sido sensíveis a este fármaco. Por outro lado, o meropenem foi sensível a 2 enzimas não classificadas. A doxiciclina foi considerada a segunda a seguir ao carbapenem, mostrando sensibilidade a 2 isolados com enzimas de classe C, enquanto 1 isolado com enzimas de classe B foi considerado sensível à amicacina. Da mesma forma, 4 bactérias com enzimas da classe B foram consideradas sensíveis ao aztreonam (Quadro 11).

Quadro 11: Padrão de resistência dos carbapenemes, azteronam e não-β-lactâmicos em relação aos CRE

Antimicrobianos		Resistência aos carbapenemes	Classes de enzimas				
			A	B	C	A+B	Não classificado
Amicacina	S	1	0	1	0	0	0
	I	1	0	0	1	0	0
	R	21	4	10	2	1	4
Aztreonam	S	4	0	4	0	0	0
	I	0	0	0	0	0	0
	R	19	4	7	3	1	4
Ciprofloxacina	S	0	0	0	0	0	0
	I	0	0	0	0	0	0
	R	23	4	11	3	1	4
Cotrimoxazol	S	0	0	0	0	0	0
	I	2	0	0	2	0	0
	R	21	4	11	1	1	4
Doxiciclina	S	2	0	0	2	0	0
	I	1	0	0	1	0	0
	R	20	4	11	0	1	4
Gentamicina	S	0	0	0	0	0	0
	I	0	0	0	0	0	0
	R	23	4	11	3	1	4
Imipenem	S	5	0	2	3	0	0
	I	3	0	0	0	0	3
	R	15	4	9	0	1	1
Meropenem	S	2	0	0	0	0	2
	I	4	0	2	1	0	1
	R	17	4	9	2	1	1

S: Sensível; I: Intermediariamente sensível; R: Resistente

4.7.3 Produção de ESBL em combinação com diferentes classes de enzimas

Entre os 23 isolados de Enterobacteriaceae resistentes aos carbapenemes, 13 (56,5%) eram resistentes às combinações "CTX/CTX+CV" e "CAZ/CAZ+CV". Verificou-se que estes isolados estavam distribuídos por todas as classes enzimáticas, exceto a classe C, ou seja, A (4/13), B (6/13), C (0/13), A+B (1/13) e não classificada (2/13). As 3 (13,0%) bactérias que obtiveram resultados positivos com ambas as combinações de testes ESBL eram portadoras de enzimas da classe B (2/3) e da classe C (1/3). Do mesmo modo, 7 (24,1%) CRE da classe B (3/7), da classe C (2/7) e não classificadas (2/7) eram do tipo CTX-M, enquanto nenhuma delas produzia ESBL do tipo TEM/SHV (quadro 15). A associação entre a atividade da carbapenemase e a produção de ESBL foi considerada estatisticamente insignificante (p-value=0,036). No entanto, a associação da positividade de MBL com ESBL foi considerada estatisticamente insignificante (valor de p> 0,05). Da mesma forma, a associação da positividade de AmpC com ESBL também foi estatisticamente insignificante (valor de p> 0,05).

Tabela 12: Padrão de produção de ESBL em isolados resistentes aos carbapenemes

ESBL	CRE	Classes de enzimas					Não-CRE
		A	B	C	A+B	Nenhum	
Não produtores	0	0	0	0	0	0	202
CTX-M	7	0	3	2	0	2	21
TEM/SHV	0	0	0	0	0	0	35
Indefinido	3	0	2	1	0	0	25
Résistants	13	4	6	0	1	2	4
Total	23	4	11	3	1	4	287

CAPÍTULO V

5. DISCUSSÕES

O estudo foi realizado no Departamento de Patologia do Kanti Children Hospital de setembro de 2013 a maio de 2014 com o objetivo de determinar a ocorrência de resistência aos carbapenemes em Enterobacteriaceae. O principal objetivo do nosso estudo foi classificar as β-lactamases associadas à resistência dos isolados de CRE, em vez de fornecer tratamento aos doentes voluntários envolvidos neste estudo.

Dos 2.688 espécimes clínicos (urina, pus e fluidos corporais, etc.), apenas 310 (20,7%) com crescimento significativo eram de Enterobacteriaceae. Entre o total de isolados de enterobactérias, apenas 34,5% eram de doentes do sexo feminino e os restantes 65,5% eram de doentes do sexo masculino. Entre todos os doentes com crescimento significativo de enterobacteriaceae, 39,0% dos doentes tinham menos de 2 anos. *A E. coli* foi o organismo mais frequentemente isolado, com 63,9% do total, e a maior parte foi isolada na urina, enquanto apenas se registou um crescimento de 0,7% em cada um dos *Citrobacter* sps. e *Enterobacter* sps. Invulgarmente, foram encontrados 3 isolados de *S.* Typhi na urina. Os doentes que os detinham podiam ter febre entérica na terceira semana de infeção ou eram portadores de febre tifoide que podem excretar *S.* Typhi na urina durante muitos anos (Yosefi e Dorreh, 2014). Do total de isolados, 251 (81%) eram produtores de β-lactamase e 213 (68,7%) eram multirresistentes. Num estudo, o CDC comunicou que 21,3% dos casos de infeção associada aos cuidados de saúde (HIA) foram causados por Enterobactriacae nos EUA (Hidron *et al.*, 2008). Do mesmo modo, Poudel (2010) detectou 61,3 % de bactérias multirresistentes, enquanto Baral (2008), noutro estudo, identificou 41,1 % de isolados MDR de várias amostras clínicas. Num estudo realizado no Hospital Universitário de Tribhuvan, Pokhrel *et al.* (2005) afirmaram que 47,57% dos isolados da expetoração e 60,40% dos isolados da urina eram multirresistentes.

Entre as diferentes amostras clínicas, o crescimento foi encontrado em número significativamente elevado, ou seja, 237 (76,5%) na amostra de urina, enquanto o menor número de agentes patogénicos, ou seja, 4 (1,3%), foi encontrado nos fluidos corporais. A presença de organismos fastidiosos que não crescem facilmente em meios de cultura de rotina, o atraso no transporte e vários outros factores podem ter resultado na baixa contagem de agentes patogénicos nos fluidos corporais. O padrão de crescimento de um nível mais elevado nas amostras de urina e de um nível mais baixo nos fluidos corporais observado no nosso estudo estava em harmonia com os estudos de Poudel (2010), que registou 5 (17,24%) crescimentos positivos, e de Baral (2008), que registou apenas 7,14% de crescimentos positivos nos fluidos corporais.

A maior prevalência de *E. coli* em espécimes clínicos do que de quaisquer outros organismos não é surpreendente, uma vez que se trata de uma flora normal do corpo humano e é altamente oportunista se o doente estiver imunocomprometido. *A E. coli* torna-se patogénica quando atinge os tecidos fora do seu intestino normal ou de outros locais menos comuns da flora normal. O tropismo dos tecidos desempenha um papel importante na doença (Todar, 2012). As estirpes patogénicas *de E. coli* codificam uma série de factores de virulência, que permitem que as bactérias colonizem o corpo humano e persistam face a uma defesa altamente eficaz do hospedeiro (Bien *et al.*, 2012). *A E. coli* continua a ser uma das espécies bacterianas mais diversificadas, sendo que apenas 20% do genoma é comum a todas as estirpes e cerca de 2% do ADN *da E. coli* é constituído por elementos genéticos móveis, incluindo fases, plasmídeos e transposões. Estes elementos genéticos móveis são responsáveis pela evolução contínua do repertório genómico bacteriano, proporcionando uma diversidade significativa nas estirpes *de E. coli* (Lukjancenko *et al.*, 2010). Por conseguinte, *a E. coli* patogénica parece ter evoluído a partir de estirpes *de E. coli* não patogénicas, adquirindo novos factores de virulência através da transferência horizontal de ADN acessório, que se encontra frequentemente organizado em grupos (ilhas de patogenicidade) no cromossoma ou em plasmídeos. Vários tipos diferentes de organelos adesivos (fímbrias) que promovem a fixação bacteriana aos tecidos do hospedeiro no trato urinário estão presentes na *E. coli* como factores virulentos de superfície. As fímbrias do tipo 1 ligam-se às glicoproteínas uroteliais manosiladas uroplaquina Ia e IIIa (UPIIIa) através da subunidade FimH da adesina, localizada na ponta da fímbria. As fímbrias P reconhecem os glicoesfingolípidos renais que transportam o determinante Gal α (1-4) Gal nos epitélios renais através da sua adesão papG (Bien *et al.*, 2012).

A resistência antimicrobiana é um problema de saúde pública mundial. É agora geralmente aceite como uma implicação importante e significativa na saúde e nos cuidados aos doentes. A resistência aos medicamentos antimicrobianos está a causar um aumento da morbilidade e da mortalidade por doenças infecciosas. Os agentes patogénicos têm revelado um aumento gradual da resistência aos antimicrobianos habitualmente utilizados, como os β-lactâmicos, o trimetoprim/sulfametoxazol, as fluoroquinolonas, etc. (Gales *et al.*, 2000). Estão a ser utilizadas classes mais elevadas de antimicrobianos com maior potência devido à resistência desenvolvida com os antimicrobianos anteriores. A taxa crescente de resistência ao antibiótico de topo, o carbapenem, está a emergir como uma grande ameaça nos últimos anos. No nosso estudo, entre os carbapenemes, 89,4% dos 310 isolados eram sensíveis ao imipenem, enquanto apenas 84,8% dos isolados eram sensíveis ao meropenem. Relativamente aos aminoglicosídeos, 79,0% eram sensíveis à amicacina e 67,1% eram sensíveis à gentamicina. A percentagem de sensibilidade ao aztreonam, um antibiótico monobactâmico, foi de 77,1%, enquanto a doxiciclina, um fármaco tetraciclina, foi 73,9% sensível a agentes patogénicos enterobacterianos. Esta configuração nas cefalosporinas de terceira geração e nos β-lactâmicos inferiores, como a amoxicilina (18,7%), foi a menos sensível de todos os medicamentos. Entre as cefalosporinas, a cefotaxima foi o fármaco mais eficaz, com um índice de sensibilidade de 34,5%, seguido da ceftazidima (31,6%), da ceftriaxona (31,3%) e da cefexima (29,9%).

No estudo, encontrámos um total de 70,8% (17/24) de *S.* Typhi e 50% (4/8) de *S.* Paratyphi-A resistentes à ciprofloxacina. Parry (2002) afirmou que a maior utilização da ciprofloxacina como fármaco de eleição para o tratamento ambulatório de rotina é a causa do rápido aparecimento de estirpes *de S.* Typhi com reduzida suscetibilidade à ciprofloxacina em muitos países asiáticos. *Citrobacter* sps. e *Enterobacter* sps. no nosso estudo, eram resistentes à maioria dos antibióticos e 100% delas foram caracterizadas como produtoras de β-lactamase e MDR. A razão que os facilita é a sua tendência natural para serem intrinsecamente resistentes à penicilina e à "penicilina+ácido clavulânico" (Magiorakos *et al.*, 2012). Num estudo realizado para observar a prevalência de bactérias MDR por Meyer *et al.*, (2008) na Alemanha, 677 dos 15 516 isolados de *Escherichia coli* e 438 dos 6 139 isolados *de Klebsiella pneumoniae* eram resistentes às cefalosporinas de terceira geração. Por outro lado, dos 198 isolados *de E. coli* no nosso estudo, 75,3% eram MDR, enquanto 81,6% (31/38) *de Klebsiella pneumoniae* eram MDR. Este resultado, em referência aos resultados de Poudel (2010), Baral (2008) e Pokhrel *et al.* (2005), indica o aumento gradual do nível de bactérias MDR no Nepal.

Bush (1997) explicou o aumento do nível de resistência aos medicamentos como consequência da evolução de novas β-lactamases. As enzimas clássicas TEM-1, TEM-2 e SHV-1 são as β-lactamases mediadas por plasmídeos predominantes que conferem resistência aos bastonetes gram-negativos (Livermore, 1995). Susic (2004) mencionou as beta-lactamases AmpC cromossómicas e induzíveis responsáveis pela resistência crescente de várias espécies de Enterobacteriaceae. Além disso, referiu também a possível presença de vários mutantes de beta-lactamases TEM e SHV e de beta-lactamases de espetro alargado mediadas por plasmídeos em estirpes de Enterobacteriaceae multirresistentes. Além disso, existem mais de sete sistemas de efluxo na *Escherichia coli* que podem exportar antibióticos estruturalmente não relacionados; estes sistemas de bombas de efluxo de resistência a múltiplos fármacos (bombas MDR) contribuem para a resistência intrínseca das bactérias a compostos tóxicos (Sulavik *et al.*, 2001). O facto de o transporte do traço de resistência às quinolonas e aos aminoglicosídeos no plasmídeo, juntamente com o gene para as β-lactamases, ter tido um grande impacto no carácter de resistência aos medicamentos demonstrado por estas bactérias patogénicas (Lee *et al.*, 2003; Picao *et al.*, 2008 e Walsh *et al.*, 2005).

No estudo, as cefalosporinas e o aztreonam foram utilizados como agentes de rastreio da produção de ESBL e um total de 213 isolados foram selecionados como possíveis produtores de ESBL. Entre eles, 89 foram confirmados como verdadeiros produtores de ESBL. Embora o CLSI não recomende o teste de ESBL para *P. mirabilis* não bacterémico (CLSI, 2011), realizámos o teste para todos os isolados rastreados e descobrimos que os isolados não bacterémicos de *Proteus* eram produtores de ESBL juntamente com outros isolados. No nosso estudo, verificámos que 28,7% do total de isolados eram positivos para ESBL, no entanto, a prevalência global de isolados positivos para ESBL varia atualmente entre 1% e 74% (Thokar *et al.*, 2010). Estudos anteriores semelhantes realizados por Ashrafian *et al.* (2012) e Srisangkaew e Vorachit (2003) encontraram 32,7% e 40% de produtores de ESBL, respetivamente. Entre os diferentes tipos, os tipos TEM, SHV e CTX-M são os tipos mais predominantes de ESBLs. As ESBLs TEM e SHV são manifestamente resistentes à ceftazidima e variáveis à cefotaxima. Do mesmo modo, as ESBL do tipo CTX-M apresentam uma resistência óbvia à cefotaxima e variável à ceftazidima. Todos os tipos de ESBL apresentam uma resistência óbvia à cefpodoxima, pelo que esta pode detetar todos os tipos de ESBL (Livermore e Woodford, 2004). Por conseguinte, isto implica que as bactérias que apresentam sinergia apenas com cefotaxima são do tipo CTX-M, enquanto as que apresentam

que conferem sinergia apenas com a ceftazidima são do tipo TEM/SHV. No entanto, as ESBL que conferem sinergia tanto com a cefotaxima como com a ceftazidima podem ser de qualquer grupo e os seus tipos de ESBL não estão definidos. Perez *et* al. (2007) mencionaram que, nas famílias TEM e SHV de beta-lactamases, as substituições de um único aminoácido permitem a hidrólise eficaz de cefalosporinas de espetro alargado, ao passo que, na família CTX-M, as substituições pontuais que conduzem a interações específicas entre a enzima e o substrato são responsáveis pela melhoria da atividade contra a cefotaxima em detrimento da ceftazidima. No nosso estudo, de um total de 89 ESBLs, 28 (31,5%) eram do tipo CTX-M, 35 (39,3%) eram do tipo TEM/SHV e as restantes 28 (31,5%) não foram definidas. Esta diferenciação fenotípica pode fornecer uma melhor ideia dos tipos de ESBL, mas a tipagem exacta destas bactérias só será possível com os métodos de base genética.

Do conjunto de 251 produtores de β-lactamase, 49 isolados resistentes a pelo menos uma cefalosporina e que produziram um diâmetro de zona de carbapenem de< 21 mm (Imipenem ou Meropenem) foram selecionados como indicativos de produção de carbapenemase ou como uma possível bactéria resistente a carbapenem no nosso estudo. A partir do teste de Hodge modificado, 29 foram selecionadas como produtoras de carbapenemases e 3 não eram interpretáveis, tendo sido posteriormente consideradas negativas através de um teste baseado em inibidores. Vários isolados de CPE (enterobacteriaceae produtoras de carbapenemase) no nosso estudo revelaram-se susceptíveis à doxiciclina, à amicacina, ao aztreonam, ao imipenem e ao meropenem. No entanto, muitos investigadores explicaram que as Enterobacteriaceae resistentes aos carbapenemes são resistentes a pandemias (Bulik e Nicolau, 2011; Oliva *et al.*, 2014; Magiorakos *et al.*, 2013). Entre os antibióticos utilizados, o imipenem foi significativamente melhor do que os outros, mostrando sensibilidade em

5 isolados MHT positivos, enquanto a doxiciclina e o meropenem foram sensíveis apenas em 2 isolados de bactérias resistentes aos carbapenemes. Do mesmo modo, a amicacina foi sensível a um único isolado da classe MBL, enquanto o azteronam foi considerado sensível a 4 deles. O resultado estava de acordo com um estudo de Varaiya *et al.*, (2008) no qual observaram 11,3 % e 20,7 % de sensibilidade à amicacina em doentes diabéticos e com cancro, respetivamente. Do mesmo modo, encontraram 8,4% de sensibilidade da gentamicina em isolados resistentes aos carbapenemes. O aztreonam foi 15,5% sensível a isolados de doentes diabéticos, enquanto 8,3% foi sensível a isolados de CPE de doentes com cancro. Chen *et al.* (2011), numa análise de 23 isolados de *C. fruendii* resistentes aos carbapenemes, descobriram que a doxiciclina é a opção mais eficaz para o seu tratamento, com CIM mais baixas do que quaisquer outros antimicrobianos.

Pai *et al.*, (2001) descreveram o nível mais elevado de resistência ao imipenem entre os antimicrobianos carbapenemes em isolados de *Pseudomonas* spp. resistentes ao meropenem de baixo grau. No entanto, o caso não era de membros de Enterobacteriaceae. A resistência aos carbapenemes em *Pseudomonas* spp. deve-se principalmente ao mecanismo de bombagem do fármaco por bombas de efluxo e/ou à perda de porinas da membrana. No entanto, a resistência nas espécies enterobacterianas deve-se principalmente às enzimas capazes de hidrolisar os antibióticos β-lactâmicos. Em estudos semelhantes, muitos investigadores afirmaram que a potência do meropenem é 4-16 vezes superior à do imipenem, mesmo em *E. coli* e noutros membros de enterobactérias (Zhanel *et al.*, 1988; Piller *et al.*, 2008). Em contrapartida, no nosso estudo, o imipenem, com uma sensibilidade de 89,4%, foi considerado mais ativo contra Enterobacteriaceae do que o meropenem (sensibilidade de 84,8%). Entre os 23 CPE, o imipenem foi sensível contra 21,7% dos isolados, enquanto o meropenem foi sensível apenas a 8,7% dos isolados. O resultado de um estudo semelhante num hospital de cuidados terciários na Índia parece estar em harmonia com o nosso resultado. Foi registada uma resistência global significativa de 22,2% ao meropenem e de 17,3% ao imipenem, o que significa que o imipenem é mais eficaz (Padmini e Appalaraju, 2004). O nível de resistência ao meropenem está a aumentar gradualmente. Um relatório de Rhomborg e Jones, (2009) dos Estados Unidos expôs o aumento significativo dos isolados de *K. pneumoniae* resistentes ao meropenem de 0,6% para 5,6% no período de 2004-2008. A taxa de resistência pode variar consoante as estirpes de bactérias, o tempo e a localização geográfica. É determinada principalmente pela eficiência da enzima para hidrolisar o fármaco e pelo número de mecanismos de resistência presentes no organismo. Os organismos podem produzir mais do que uma enzima de hidrólise e podem apresentar várias modificações em mais do que uma porina ao longo do tempo, produzindo diferentes níveis de resistência contra diferentes fármacos.

Todas as 23 bactérias positivas ao teste de Hodge modificado e 3 isolados não-intepretáveis de *P.*

vulgaris foram processados para a determinação do tipo das enzimas de hidrólise de carbapenem. A partir do teste de sinergia de disco combinado baseado em inibidores, verificou-se que *o P. vulgaris* não-intepretável era negativo para a produção de enzimas de hidrólise de carbapenemes. Entre os 23 isolados resistentes aos carbapenemes, verificou-se que 4 deles produziam carbapenemase de classe A, 11 produziam carbapenemase de classe B, enquanto um isolado de *E. coli* produzia enzimas de classe A e de classe B em combinação. As proporções mais elevadas de Classe-A que conferem resistência aos carbapenemes são do tipo KPC (*Klebsiella pneumoniae* carbapenemase) (Nordmann *et al.*, 2009). De acordo com Rhomberg e Jones (2009), as taxas crescentes de *Klebsiella pneumoniae* produtora de KPC foram observadas entre o período de 20042007, enquanto a taxa foi menor em 2008. Os isolados que expressam enzimas KPC podem ser falsamente reportados como susceptíveis aos carbapenemes devido à expressão heterogénea da resistência à β-lactamase (Naas *et al.*, 2010), mas, no nosso estudo, não foi esse o caso, uma vez que observámos que todos os isolados produtores de KPC eram resistentes a todas as classes de antibióticos.

Neste estudo, entre os 11 isolados que produziam carbapenemases de classe B, 4 eram sensíveis ao aztreonam e os outros eram resistentes. As enzimas da classe B são MBL (metalo β-lactamases) que requerem iões de zinco no seu sítio ativo e são inibidas por quelantes de catiões divalentes como o EDTA (Giske *et al.* 2011). Estas enzimas podem tipicamente hidrolisar cefalosporinas de espetro alargado e carbapenemes de forma eficiente, mas não o aztreonam. A IMP e a VIM são as carbapenemases mais predominantes deste grupo; no entanto, nos últimos anos, um novo tipo de enzima denominada New Delhi Metallo β-lactamase está a suscitar grande preocupação devido à sua capacidade de se propagar rapidamente (Yong *et al.* 2011). A associação da produção de MBL com a produção de ESBL foi considerada estatisticamente insignificante (p-value> 0,05). Walsh (2010) e Zhao e Hu (2011) relataram a presença de mecanismos de resistência adicionais em bactérias portadoras de MBL carbapenemase que as tornam resistentes ao aztreonam. Muito curiosamente, observámos uma carbapenemase de classe B (ou seja, MBL) num isolado de *Salmonella* Typhi, mas não conseguimos tipificá-la geneticamente. A presença de MBL do tipo NDM em *Salmonella* sp já foi descoberta em janeiro de 2011 por Savard *et al.*, (2011) dos EUA, o que sugere que muitos outros mecanismos de CRE podem estar presentes em *Salmonella* sp. É notável notar que eles afirmaram que o primeiro caso de *Salmonella* sp. produtora de NDM foi adquirido no nosso país vizinho, a Índia.

As enzimas da classe C não são consideradas carbapenemases (Giske *et al.* 2011), no entanto, 3 isolados do nosso estudo que produziam enzimas da classe C capazes de conferir resistência aos carbapenâmicos foram falsamente detectados como carbapenemases pelo teste de Hodge modificado. Embora a associação da AmpC β-lactamase com a produção de ESBL seja estatisticamente insignificante (valor de p> 0,05), um estudo anterior de Bradford *et al.*, (1997) comunicou a resistência ao imipenem em *K. pneumoniae* de Nova Iorque devido à produção excessiva de ESBLs juntamente com a AmpC β-lactamase combinada com a perda de porina. Explicaram que essas estirpes careciam de uma importante proteína da membrana externa de aproximadamente 42 kDa, presente nos produtores de AmpC β-lactamase susceptíveis ao imipenem. Philippon *et al.*, (2002) descreveram-na como uma diminuição da permeabilidade da membrana externa nos produtores de AmpC β-lactamase, capaz de conferir resistência a isolados de *E. coli* e *K. pneumoniae* relativamente a cefalosporinas, monobactâmicos e carbapenemes, mesmo na ausência de carbapenemases.

No nosso estudo, verificou-se que 3 isolados MHT positivos de *E. coli* e 1 isolado de *K. pneumoniae* com resistência aos carbapenemes não eram produtores de todas as carbapenemases e AmpC β-lactamases. Estas bactérias foram consideradas negativas para a produção de carbapenemases do tipo KPC e MBL no teste de disco combinado e não foram inibidas pelo ácido clavulânico e pelo ácido fenil borónico, enquanto 2 delas foram positivas para a produção de ESBL do tipo CTX-M. Este fenómeno mistificador pode ser discutido sob duas perspectivas. A primeira é que pode ser uma carbapenemase de tipo OXA que não é inibida pelo ácido borónico nem pelo ácido clavulânico (Walther-Rasmussen e Hoiby, (2006). As carbapenemases do tipo OXA são fracas em termos de atividade de carbapenemase e, por conseguinte, a resistência aos carbapenemes resulta geralmente de uma ação combinada de carbapenemases do tipo OXA e de um mecanismo de resistência secundário, como a permeabilidade alterada, a afinidade reduzida das PBP para os carbapenemes ou o aumento do efluxo. No entanto, se estes forem encontrados em combinações com mecanismos de resistência secundários, proporcionam uma resistência significativamente maior, especialmente contra o imipenem do que contra o antibiótico meropenem (Hornstein *et al.*, 1997). No nosso estudo, observou-se uma configuração semelhante: os dois isolados não classificados resistentes ao imipenem foram considerados sensíveis ao meropenem. Em segundo lugar, esta consequência pode ser um falso positivo do teste de Hodge modificado, em vez do efeito da carbapenemase, e pode ser o resultado de uma quantidade elevada de produção de CTX-M ESBL em combinação com a perda de porina. Esta explicação está em harmonia com Carvalhaes *et al.*, (2010), que observaram a falsa positividade dos resultados do MHT em relação ao tamanho do inóculo de bactérias produtoras de ESBL do tipo CTX-M. Num tipo de estudo semelhante, Doumith *et al.*, (2009) também relataram a resistência aos carbapenemes devido à produção de ESBL associada à perda de porina.

Observámos vários mecanismos de resistência dos agentes patogénicos aos antibióticos e um enorme padrão dinâmico de sensibilidade antibacteriana das bactérias produtoras de carbapenemases. Verificámos a supremacia dos testes de combinação de discos em relação a vários resultados falsos positivos do teste de Hodge modificado (ou seja, especificidade = 78,79% e valor preditivo positivo = 69,56%). Observámos que as enterobactérias produtoras de ESBL são frequentemente susceptíveis *in vitro* a combinações de inibidores de β-lactam/β-lactamases e, por conseguinte, é lógico assumir que estas combinações também seriam clinicamente eficazes. Encontramos muitas estirpes de CRE susceptíveis a muitos outros antibióticos comuns. Este resultado significa a possibilidade de tratamento com terapias de combinação relevantes de monobatam, tetraciclinas, aminoglicosídeos, fluoroquinonas e carbapenemes se tiverem efeitos sinérgicos e bactericidas contra agentes patogénicos resistentes emergentes. O presente estudo sugere igualmente o desenvolvimento de uma opção terapêutica inovadora e potencial, com ação específica para cada caso, para tratar a CRE. A prática prudente e disciplinada do uso de antibióticos é mais importante para minimizar o risco de evolução de novas formas resistentes. Uma vez que o desenvolvimento da resistência é um fenómeno biológico óbvio, a substituição de um antibiótico de largo espetro por outro não resolve o problema a longo prazo, mas acabará por causar outra resistência. Por conseguinte, são necessários esforços contínuos para reduzir a utilização total de antibióticos e promover uma mudança para antibióticos de espetro estreito com uma ação muito específica. O tratamento antibacteriano das infecções só deve ser escolhido após a identificação dos organismos infectantes e os resultados dos testes de sensibilidade serem conhecidos. Outros factores, como o local da infeção, o tropismo dos tecidos e a história clínica dos doentes, são também importantes para decidir qual o antibacteriano a administrar. Os profissionais de saúde e os farmacêuticos não devem prescrever antibióticos quando estes não são verdadeiramente necessários e todos os indivíduos devem estar conscientes de que devem completar a prescrição completa dos antibióticos prescritos pelos profissionais de saúde. E o mais importante é que existe uma necessidade imediata de concentrar os cérebros científicos na poupança dos antibióticos existentes e na invenção de novos arsenais terapêuticos.

Embora os resultados deste estudo tenham contribuído para uma melhor compreensão das subtilezas dos produtores de β-lactamases multirresistentes juntamente com os produtores de carbapenemases, dos seus mecanismos de defesa, da seleção e da suscetibilidade à terapêutica antibiótica, a falta de uma metodologia de base genética e de métodos de deteção sofisticados podem ser as limitações do estudo. A dimensão reduzida da amostra recolhida num único hospital pode não ser suficiente para prever a taxa de prevalência de Enterobacteriaceae resistentes aos carbapenemes em todo o Nepal.

CAPÍTULO VI

6. CONCLUSÕES E RECOMENDAÇÕES

6.1 Conclusões

Neste estudo, *a Escherichia coli* foi considerada a bactéria mais predominante nas amostras clínicas, especialmente nas amostras de urina, seguida da *Klebsiella pneumoniae*, entre as Enterobacteriaceae. Verificou-se que o número de produtores de β-lactamase e de isolados MDR estava a aumentar. Com este estudo, verificou-se que a resistência aos carbapenemes nas Enterobacteriaceae emergiu no Nepal. A distribuição da carbapenemase e da β-lactamase foi variada, tendo sido encontradas várias em combinação com a produção de ESBL, o que revela o padrão diversificado entre os agentes patogénicos das enterobactérias. Foram encontradas carbapenemases de classe A e de classe B, quer isoladas quer em combinação. A maioria dos casos de resistência aos carbapenemes deveu-se a β-lactamases de classe B. No entanto, também foram encontradas enzimas de classe A que ocupam uma proporção significativa. Do mesmo modo, a enzima de classe C (AmpC β-lactamase), juntamente com a produção de ESBL, também foi detectada como a causa da resistência aos carbapenemes em algumas estirpes positivas do teste de Hodge modificado.

6.2 Recomendações

• Todos os laboratórios clínicos devem utilizar eficazmente os procedimentos de deteção da resistência aos carbapenemes e das carbapenemases na prática de rotina.

• O teste de sinergia de disco combinado deve ser preferido em vez do teste de Hodge modificado para reduzir a possibilidade de falsos positivos e para detetar e diferenciar com precisão as carbapenemases.

• A hiperutilização de β-lactâmicos e carbapenemes deve ser reduzida para minimizar o risco de maior disseminação da resistência aos carbapenemes.

• A amicacina e a doxiciclina devem ser utilizadas, se forem sensíveis, como a escolha subsequente dos carbapenemes nas Enterobacteriaceae resistentes aos carbapenemes.

REFERÊNCIAS

Ambler RP (1980). The structure of β-Lactamases. *Philos Trans R Soc London* **289**: 321-331.

Ambler, RP, Coulson AF, Frere JM, Ghuysen JM, Joris B, Forsman M, Levesque RC, Tiraby G, e Waley SG (1991). A standard numbering scheme for the class-A beta-lactamases. *Biochem J276:* 269-270.

Ambretti S, Gaibani P, Berlingeri A, Cordovana M, Tamburini MV, Bua G, Landini MP e Sambri V (2013). Avaliação de abordagens fenotípicas e genotípicas para a deteção de carbapenemases de classe A e classe B em Enterobacteriaceae. *Microbial Drug Resist* **0:** 1-4.

Sociedade Americana de Microbiologia (2009). A Report from the American Academy of Microbiology, Antibiotic Resistance: An Ecological Prespective of an Old Problem [Resistência aos antibióticos: uma perspetiva ecológica de um problema antigo]. ASM Press, Washington D.C.

Amjad A, Mirza IA, Abbasi SA, Farwa U, Malik N, Zia F (2011). Teste de Hodge modificado: Um teste simples e eficaz para a deteção da produção de carbapenemases. *Iran J Microbiol* **3**: 189-193.

Anderson KF, Lonsway DR, Rasheed JK, Biddle J, Jensen B, McDougal LK, Carey RB, Thompson A, Stocker S, Limbago B e Patel JB (2007). Avaliação de métodos para identificar a carbapenemase de *Klebsiella pneumoniae* em *Enterobacteriaceae*. *J Clin Microbiol* **45**: 2723-2725.

Arnold RS, Thom KA, Sharma S, Phillips M, Johnson JK e Morgan DJ (2011). Emergência de bactérias produtoras de *Klebsiella pneumonia* Carbapenemase (KPC). *South Med J* **104**: 40-45.

Ashrafian F, Askari E, Kalamatizade E, Ghabouli Shahroodi MJ e Naderi- Nasab M (2012). A frequência da beta-lactamase de espetro alargado (ESBL) em *Escherichia coli* e *Klebsiella pneumoniae*. *J Med Bacteriol* **1**: 1219.

Ayala A, Quesada A, Vadillo S, Criado J e Piriz S (2005). Proteínas de ligação à penicilina de *bacteroides fragilis* e o seu papel na resistência ao imipenem de isolados clínicos. *J Med Microbiol* **54**: 1055-1064.

Baral P (2008). Resistência a múltiplos fármacos entre vários isolados bacterianos clínicos e produção de diferentes tipos de β-lactamases com subsequente mecanismo de transferência por análise de ADN plasmídico. Dissertação de mestrado apresentada ao Departamento Central de Microbiologia, Universidade de Tribhuvan, Katmandu, Nepal.

Bergogne-Berezin E e Towner KJ (1996). *Acinetobacter* spp. como agentes patogénicos nosocomiais: caraterísticas microbiológicas, clínicas e epidemiológicas. *Clin Microbiol Rev*, **9**: 148-165.

Birgy A, Bidet P, Genel N, Doit C, Decre D, Arlet G e Bigen E (2012). Rastreio fenotípico de carbapenemases e β-lactamases associadas em *Enterobacteriaceae* resistentes aos carbapenemes. *J Clin Microbiol* **50**: 1295-1302.

Bonnet R, Sampaio JL, Chanal C, Sirot D, Champs CD,Viallard JL, Labia R e Sirot J (2000). Uma nova beta-lactamase de espetro alargado de classe A (BES- 1) em *Serratia marcescens* isolada no Brasil. *Antimicrob Agents Chemother* **44**: 3061-3068.

Bradford PA, Urban C, Mariano N, Projan SJ, Rahal JJ e Bush K (1997). A resistência ao imipenem em *Klebsiella pneumoniae* está associada à combinação de ACT-1, uma beta-lactamase AmpC mediada por plasmídeo, e a fóssula de uma proteína da membrana externa. *Antimicrob Agents Chemother* **41**: 563569.

Bratu S, Landman D, Haag R, Recco R, Eramo A, Alam M e Quale J (2005). Disseminação rápida de *Klebsiella pneumoniae* resistente aos carbapenemes na cidade de Nova Iorque: A new threat to our antibiotic armamentarum. *Arch Intern Med* **165**:1430-1435.

Brenner DJ, Krieg NR, Staley JT (2005). Bergey's Manual of Systematic Bacteriology, 2ª edição, Volume 2 The *Proteobacteria*. Nova Iorque, Springer.

Brink A, Feldman C, Grolman DC, Muckart D, Pretorius J, Richards GA, Senekal M e Sieling W (2004). Declaração de posição: Appropriate Use of the Carbapenems (Utilização adequada dos carbapenemes). *SAMJ* **94**: 857-861.

Brooks GF, Carroll KC, Butel JS e Morse SA (2007). Jawetz, Melnick, & Adelberg's Medical Microbiology, 24ª edição. The McGraw-Hill Companies, Estados Unidos da América.

Brown AG, Butterworth D, Cole M, Hanscomb G, Reading C, Rolinson GN (1976). Inibidores de β-lactamase de ocorrência natural com atividade antibacteriana. *J Antibiot* **29**: 668-669.

Brunton J, Clare D e Meier MA (1986). Epidemiologia molecular de plasmídeos de resistência a antibióticos de espécies de *Haemophilus* e *Neisseria gonorrhoeae*. *Rev Infect* **Dis 8**:713-724.

Bryskier A (1984). Classificação das beta-lactamases. *Patologia-biologia* **32**: 658-667.

Bulik CC e Nicolau DP (2011). Terapia com carbapenem duplo para *Klebsiella pneumoniae* produtora de carbapenemase. *J Antimicrob Agents Chemother* **55**: 3002-3004.

Bush K (1997). A evolução das beta-lactamases. *Ciba Found Symp* **207**: 152163.

Bush K (2008). β-lactamases de espetro alargado na América do Norte, 19872006. *Clinical Microbiol Infect* **14**: 134-143.

Bush K, Jacoby GA e Medeiros AA (1995). Um esquema de classificação funcional para β-lactamases e sua correlação com a estrutura molecular. *Antimicrob Agents Chemother* **39**: 1221-1233.

Canton R, Akova M, Carmeli Y, Giske CG, Glupczynski Y, Gniadkowski M, Livermore DM, Miriagou V, Naas T, Rossolini GM, Samuelsen O, Seifert H, Woodford N e Nordmann P (2012). Evolução rápida e disseminação de carbapenemases entre *Enterobacteriaceae* na Europa. *Clin Microbiol Infect* **18**: 413-431.

Carlet J, Collignon P, Goldmann D, Gossens H, Gyssens IC, Habarth S, Jarlier V, Levy SB, N'Doye B, Pittet D, Richtmann R, Seto WH, Van-Der-Meer JWM e Voss A (2011). O fracasso da sociedade na proteção de um recurso precioso: os antibióticos. *Lancet* **378**: 369-371.

Carvalhaes CG, Picao RC, Nicoletti AG, Xavier DE e Gales AC (2010). Cloverleaf (Modified Hodgee Test) para detetar a produção de carbapenemase em *Klebsiella pneumoniae - atenção* aos resultados falsos positivos. *J Antimicrob Chemother* **65**: 248-251.

Centros de Controlo e Prevenção de Doenças (2006). Management of Multidrug-Resistant Organisms in Healthcare Settings (Gestão de organismos resistentes a múltiplos medicamentos em contextos de cuidados de saúde). CDC, Atlanta, EUA.

Centros de Controlo e Prevenção de Doenças (2009). Teste de Hodge modificado para a deteção de carbapenemases em Enterobacteriaceae. CDC, Atlanta, EUA.

Chaudhary U e Aggarwal R (2004). Extended spectrum β-lactamases (ESBL) - An emerging threat to clinical therapeutics. *Indian JMedMicrobiol* **22**:75-80.

Cheesbrough M (2006). Prática Laboratorial Distrital em Países Tropicais, Parte II. 2ª edição. Cambridge University Press.

Chen S, Hu F, Liu Y, Zhu D, Wang H e Zhang Y (2011). Deteção e propagação de *Citrobacter freundii* resistente aos carbapenemes num hospital universitário na China. *Am J Infect Control* **3**: 55-60.

Instituto de Normas Clínicas e Laboratoriais (2011). Normas de desempenho para testes de suscetibilidade antimicrobiana; 18º suplemento informativo. Documento CLSI M100-S21. Wayne, PA.

Cohen AL, Calfee D, Fridkin SK, Huang SS, Jernigan JA e Lautenbach E (2008). Recommendations for metrics for multidrug-resistant organisms in healthcare settings (Recomendações para a medição de organismos multirresistentes em contextos de cuidados de saúde): Documento de posição da SHEA/HICPAC. *Infect Control Hosp Epidemiol* **29**: 901-913.

Collee JG, Duguid FP, Fraser AG, Marmion BP e Simmons A (1996) Estratégia laboratorial no diagnóstico de endocardite infecciosa. In: Colle JG, Marmion BP, Fraser AG, Simmon A (eds) Mackie and Mc Cartney Practical medical microbiology, 14th edn. Churchill Livingstone, Nova

Iorque, pp 77-80. Craig WA (1997). The Pharmacology of Meropenem, A New Carbapenem Antibiotic. *Clin Infect* **Dis 24**: 266-275.

Daniel FS, Thornsberry C, Mayfield DC, Jones ME, e Karlowsky JA (2001).Isolados de *Escherichia coli* multirresistentes do trato urinário: prevalência e dados demográficos dos doentes nos Estados Unidos em 2000. *J Antimicrobiol Chemother* **45**: 1402-1406.

Datta N e Kontomichalou P (1965). Síntese de penicilinase controlada por factores R infecciosos em Enterobacteriaceae. *Nature* **2008**: 239-241.

Davies J (1994). Inativação de antibióticos e disseminação de genes de resistência. *Science* **264**: 375-382.

Davies J e Davies D (2010). Origins and Evolution of Antibiotic Resistance (Origens e evolução da resistência aos antibióticos). *Microbiol Mol Biol Rev* **74**: 417-433.

Demain e Elander RP (1999). The beta-lactam: past, present, and future. *Antonie Van Leeuwenhoek* **75**: 5-9.

Dernyer SP, Hodges NA e Gorman SP (2004). Hugo and Russell's pharmaceutical Microbiology, 7ª edição. Publicações científicas Blackwell, Reino Unido.

Deshpande LM, Jones RN, Fritsche T R, e Sader HS (2006). Ocorrência e caraterização de Enterobacteriaceae produtoras de carbapenemases: relatório do Programa de Vigilância Antimicrobiana SENTRY (2000-2004). *Microb Drug Resist* **12**: 223-230.

Dijkshoorn L, Nemec A e Seifert H (2007). Uma ameaça crescente nos hospitais: Acinetobacter baumannii resistente a múltiplos medicamentos. *Nat Rev Microbiol* **5**: 939-951.

Dortet L, Poirel L, e Nordmann P (2012). Identificação rápida de tipos de carbapenemases em Enterobacteriaceae e Pseudomonas spp. utilizando um teste bioquímico. *Antimicrob Agents Chemother* **56**: 6437-6440.

Doumith M, Ellington MJ, Livermore DM e Woodford N (2009). Mecanismos moleculares que perturbam a expressão da porina em *Klebsiella* e *Enterobacter* spp. resistentes a etrapenem isolados clínicos do Reino Unido. *J Antimicrobial Chemother* **65**: 659-667.

Duin DV, Kayec KS, Neunerd EA e Bonomoe RA (2013). Enterobacteriaceae resistentes a carbapenem: uma revisão do tratamento e dos resultados. *Diagn Microbiol Infect Dis 75:* 115-120.

Essack SY (2001).O desenvolvimento de antibióticos beta-lactâmicos em resposta à evolução das beta-lactamases. *Pharmaceutical Research 18*: 1391-1399.

Comissão Europeia (2011). Investigação da UE sobre resistência antimicrobiana, projectos da UE

2007-2010.

Falagas ME, Koletsi PK e Bliziotis IA (2006). The diversity of definitions of multidrug-resistant (MDR) and pandrug-resistant (PDR) *Acinetobacter baumannii* and *Pseudomonas aeruginosa*. *J Med Microbiol 55*: 1619-1629.

Forbes BA, Sahm DF e Weissfeld AS (2007). Bailey and Scott's Diagnostic Microbiology, 12ª edição. Publicação Mosby Elsevier.

Freire-Moran L, Aronsson B, Manz C, Gyssens IC, So AD, Monnet DL e Cars O (2011). Crítica escassez de novos antibióticos em desenvolvimento contra bactérias multirresistentes: A hora de reagir é agora. *Drug Resist Updat 14*: 118124.

Fupin H, Shudan C, Xiaogang X, Yan G, Yang L, Demei Z e Yingyuan Z (2012). Emergência de isolados clínicos de Enterobacteriaceae resistentes aos carbapenemes num hospital universitário em Xangai, China. *J Medical Microbiol 61*: 132-136.

Gales AC, Jones RN, Turnridge J, Rennie R e Ramphal R (2011). Caracterização de Pseudomonas aeruginosa: taxas de ocorrência, padrões de suscetibilidade antimicrobiana e tipagem molecular no programa global de vigilância antimicrobiana SENTRY, 1997-1999. *Clin Infect **Dis** 32*: 146-155.

Gary DO e Margret FC (2010). Carbapenemases: Uma breve revisão para especialistas em doenças infecciosas pediátricas. *Pediatric Infect Dis J 29*: 68-70.

Gaynes RP e Culver DH (1992). Resistance to imipenem among selected gram-negative bacilli in the United States. *Infect Control Hosp Epidemiol* **13**:10-14. Ghuysen JM (1994). Estruturas moleculares das proteínas de ligação à penicilina e das beta-lactamases. *Trends Microbiol* **2**:372-380.

Giesbrecht P, Kersten T, Maidhof H e Wecke J (1998). Parede celular estafilocócica: morfogénese e variações fatais na presença de penicilina. *Microbiol Mol Biol Rev* **62**:1371-1414.

Giske CG, Gezelius L, Samuelesen O, Warner M, Sundsfjord A e Woordford N (2011). Um ensaio fenotípico sensível e específico para a deteção de metalo β-lactamases e KPC em *Klebsiella pneumoniae* com a utilização de discos de meropenem suplementados com ácido aminofenilborónico, ácido dipicolínico e cloxacilina. *Clin Microbiol Infect* **17**: 552-556.

Gomez SA, Pasteran FG, Faccone D, Tijet N, Rapoport M, Lucero C, Lastovetska O, Albornoz E, Galas M, Melano RG, Corso A e Petroni A(2011). Disseminação clonal de *Klebsiella pneumoniae* ST258 com KPC-2 na Argentina. *Clin Microbiol Infect* **17**: 1520-1524.

Gupta K, Scholes D e Stamm WE (1999). Increasing prevalence of Antimicrobial Resistance among Uropathogens causing Acute Uncomplicated Cystitis in Women (Prevalência crescente de resistência antimicrobiana entre os uropatógenos que causam cistite aguda não complicada em mulheres). *JAMA*

281: 736-738.

Gupta N, Limbago BM, Patel JB e Kallen AJ (2011). *Enterobacteriacee* resistente aos carbapenemes: Epidemiologia e prevenção. *Clin infect dis* **53**: 60-67.

Halaby T, Reuland AE, Naiema N, Potron A, Savelkoul PHM, Vandenbroucke-Grauls CMJE e Nordman P (2012). Um caso de Nova Deli Metallo-β-lactamase 1 (NDM-1) produzindo *pneumonia por Klesiella* com transmissão secundária putativa da região dos Balcãs nos Países Baixos. *Antimicrob Agents Chemother* **56**: 2790-2791.

Hancock RE, Brinkman FS (2002). Function of *Pseudomoas* porins in uptake and efflux. *Annu Rev Microbiol* **56**:17-38.

Hardy SP (2002). Human Microbiology, 1st edition. Escola de Farmácia e Ciências Biomoleculares, Universidade de Brighton, Reino Unido Londres. Taylor & Francis.

Hidron AI, Edwards JR, Patel J, Horan TC, Sievert DM e Pollock DA (2008). NHSN annual update: antimicrobial-resistant pathogens associated with healthcare-associated infections: annual summary of data reported to the National Healthcare Safety Network at the Centers for Disease Control and Prevention, 2006-2007. *Infect Control Hosp Epidemiol* **29**: 996-1011.

Hilas O, Ezzo DC e Jodlowski TZ (2008). Doripenem (Doribax), um novo agente antibacteriano carbapenem. *Pharm Ther* **33**: 134-136.

Hoel D e Williams DN (1997). Antibiotics: Past, present, and futureUnearthing nature's magic bullets. *Postgrad Med* **101**:1.

Holten KB, Onusko EM (2000). Prescrição adequada de antibióticos beta-lactâmicos orais. *Am Fam Physician* **62**: 611-620.

Hornstein M, Sautjeau-Rostoker C, Peduzzi J, Vessieres A, Hong LT, Barthelemy M, Scavizzi M e Labia R (1997). Oxacilina hidrolisando β-lactamase envolvida na resistência ao imipenem em *Acinetobacter baumannii*. *FEMS Microbiol Lett* **153**: 333-339.

Hugo WB e Russel AD (1993). Pharmaceutical Microbiology, 5ª edição. Blackwell Scientific Publications, Reino Unido.

Huys G, Cnockaert M, Vaneechoutte M, Woodford N, Nemec A, Dijkshoorn L e Swings J (2005). Distribuição de genes de resistência à tetraciclina em estirpes de *Acinetobacter baumannii* multirresistentes genotipicamente relacionadas e não relacionadas de diferentes hospitais europeus. *Resist Microbiol* **156**: 348-355.

Isenberg HD (2004). Clinical Microbiology Procedures Handbook (Manual de Procedimentos de Microbiologia Clínica). 2ª edição. ASM Press, Washington, D.C.

Jacoby GA (2009). AmpC beta-lactamases. *Clin Microbiol Rev* **22**: 161-182.

Jacoby GA (2009). History of Drug-Resistant Microbes [História dos micróbios resistentes aos medicamentos]. Mayers DL, editor. Burlington: Imprensa humana Springer Science.

Jones RN, Barry AL e Thornsberry C (1989). Estudos in vitro do meropenem. *J Antimicrob Chemother* **24**: 9-29.

Jorgensen JH, Mcelmeel ML, Fulcher LC, Zimmer BL (2010). Deteção de bata-lactamases de espetro alargado (ESBLs) do tipo CTX-M através de testes com microscan overnight e painéis de confirmação de ESBL. *J Clin Microbiol* **48**: 120123.

Kahan FM, Kropp H, Sundelof JG e Birnbaum J (1983). Thienamycin: desenvolvimento de imipenem-cilastatina. *J Antimicrob Chemother* **12**: 1-35.

Kanj SS e Kanafani ZA (2011). Conceitos actuais em terapia antimicrobiana contra organismos Gram-Negativos resistentes: Enterobacteriaceae produtoras de β-lactamase de espetro alargado, Enterobacteriaceae resistentes aos carbapenemes e *Pseudomonas aeruginosa* multirresistente. *Mayo Clin Proc* **86**: 250-259.

Khanal S (2006). A study on microbiology of Urinary Tract Infection at Tribhuvan University Teaching Hospital Kathmandu Nepal. Dissertação de mestrado apresentada ao Departamento Central de Microbiologia, Universidade de Tribhuvan, Katmandu. pp. 5-30.

King A, Bootham C e Phillips I (1989). Comparative in-vitro activity of meropenem on clinical isolates from the United Kingdom. *J Antimicrob Chemother* **24**: 31-45.

Kirby WMM (1944). Extração de um inactivador de penicilina altamente potente de estafilococos resistentes à penicilina. *Science* **99**: 452-453.

Knothe H, Shah P, Krcmery V, Antal M e Mitsuhashi S (1983). Resistência transferível à cefotaxima, cefoxitina, cefamandole e cefuroxima em isolados clínicos de *Klebsiella pneumoniae* e *Serratia marcescens*. *Infect* **11**:315-317.

Knox JR (1995). Extended Spectrum and Inhibitor resistant TEM-type betalactamases: mutation, specificity, and three dimensional structure. *Antimicrob Agents Chemother* **39**: 1593-601.

Krisztina MPW, Andrea E, Magdalena AT, e Robert AB (2011). Carbapenems: Past, Present, and Future. *Antimicrob Agents Chemother* **55**:4943-4960.

Lee A, Mao W, Warren MS, Mistry A, Hoshino K, Okumura R, Ishida H e Lomovskya O (2000). A interação entre as bombas de efluxo pode ter efeitos aditivos ou multiplicativos na resistência aos medicamentos. *J Bacteriol* **182**: 31423150.

Lee EH, Nicolas Mh, Kitzis MD, Pialoux G, Collatz E e Gutmann L (1991). Associação de dois mecanismos de resistência num isolado clínico de *Enterobacter cloacae* com um elevado nível de resistência ao imipenem. *Antimicrob Agents Chemother* **35**:1093-1098.

Lee K, Lim YS, Yong D, Yum JH e Chong Y (2003). Evaluation of the Hodge test and the Imipinem-EDTA Double-Disk Synergy Test for Differentiating Metallo-β-Lactamase-Producing Isolates of *Pseudomonas* spp. and *Acinetobacter* spp. *J Clin Microbiol* **41**: 4623- 4629.

Lewis K (2013). História dos β-lactâmicos. *Nat Rev Drug Discov* **12**: 371-387.

Livermore DM (1987). Clinical significance of beta-lactamase induction and stable derepression in gram-negative rods. *Euro J Clin Microbiol* **6**:439-445.

Livermore DM (1992). Interação da impermeabilidade e da atividade cromossómica da β-lactamase em *Pseudomonas aeruginosa* resistente ao imipenem. *Antimicrob Agents Chemother* **36**:2046-2048.

Livermore DM (1995). β-lactamases in laboratory and clinical resistance. *Clin Microbiol Rev* **8**:557-584.

Livermore DM e Brown DF (2001). Deteção da resistência mediada pela beta-lactamase. *J Antimicrob Chemother* **1**: 5-64.

Livermore DM e Woodford N (2004). Deteção laboratorial e notificação de bactérias com β-lactamase de espetro alargado. Agência de Proteção da Saúde, Reino Unido, pp 01-14.

Lorch, A. (1999). Bacteriófagos: Uma alternativa aos antibióticos? *Biotechnology and Development Monitor* **39**:14-17.

Lukjancenko O, Wassenaar TM, Ussery DW (2010). Comparação de 61 genomas sequenciados *de Escherichia coli. Microb Ecol* **60**: 708-720.

Magiorakos AP, Srinivasan A, Carey RB, Carmeli Y, Falgas ME, Giske CG, Harbarth S, Hindler JF, Kahlmeter G, Olsson-Liljequist B, Paterson DL, Rice LB, Stelling J, Struelens MJ, Vatopoulos A, Weber JT e Monnet DL (2012). Bactérias multirresistentes, extensivamente resistentes a medicamentos e resistentes a pandemias: uma proposta de peritos internacionais para definições normalizadas da Interin para a resistência adquirida. *Clin Microbiol Infect* **18**: 268-81.

Magiorakos AP, Suetens C, Monnet DL, Gagliotti C e Heuer OE (2013). O aumento da resistência aos carbapenemes na Europa: apenas a ponta do icebergue? *Antimicrob Resist Infect Control* **2**: 61-63.

Mathers AJ, Cox HL, Kitchel B, Bonatti H, Brassinga AKC, Carroll J, Scheld WM, Hazen KC e Sifri CD (2011).A dissecção molecular de um surto de Enterobacteriaceae resistentes aos carbapenemes revela a transmissão intergénica da carbapenemase KPC através de um plasmídeo promíscuo. *mBio*

2: 204211.

Mavroidi A, Tzelepi E, Tsakris A, Miriagou V, Sofianou D e Tzouvelekis LS (2001). Uma beta-lactamase associada ao integrão (IBC-2) de *Pseudomonas aeruginosa* é uma variante da beta-lactamase de espetro alargado IBC-1. *J Antimicrob Agents Chemother* **48**:627-630.

McGowan JJE (2006). Resistência em bactérias gram-negativas não fermentadoras: resistência a múltiplos fármacos ao máximo. *Am J Med* **119**: S29-S36.

Medeiros AA (1997). Evolução e disseminação de β-lactamases aceleradas por gerações de antibióticos β-lactâmicos. *Clin Infect Dis*. **24**: 19-45.

Meletis G, Exindari M, Vavatsi N, Sofianou D e Diza E (2012). Mecanismos responsáveis pela emergência da resistência aos carbapenemes em *Pseudomonas aeruginosa*. *Hippokratia* **16**: 303-307.

Moellering RC Jr, Eliopoulos GM e Sentochnik DE (1989). The carbapenems: new broad spectrum β-lactam antibiotics. *J Antimicrob Chemother* **24**: 1-7.

Monroe S e Polk R (2000). Antimicrobial use and bacterial resistance (Utilização de antimicrobianos e resistência bacteriana). *Curr Opin Microbiol* **3**: 496-501.

Murray PR e Niles AC (1990). Atividade in vitro de meropenem, imipenem e cinco outros antibióticos contra isolados clínicos anaeróbios. *Diagn Microbiol Infect* **Dis** 13:57-61.

Murray PR, Baron EJ, Jorgensen JH, Pfaller MA e Yolken RH (2003): Manual of Clinical Microbiology, 8th ed., ASM Press, Washington. ASM Press, Washington.

Naas T, Cuzon G, Truong H, Bernabeu S e Nordmann P (2010). Avaliação de um microarray de ADN, o check-points ESBL/KPC array, para a deteção rápida de β-lactamases de espetro alargado TEM, SHV e CTX-M e carbapenemases KPC. *Antimicrob Agents Chemother* **54**: 3086-3092.

Naas T, Cuzon G, Villegas MV, Lartigue MF, Quinn JP e Nordmann P (2008). Estruturas genéticas na origem da aquisição do gene da beta-lactamase blaKPC. *Antimicrob Agents Chemother* **52**: 1257-1263.

Nalini K e Sumathi P (2012). Deteção de ESBL e Cefalosporinase em isolados do trato urinário. *JPBMS* **21**: 1-5.

Nikaido H (2009). Multidrug resistance in Bacteria (Resistência a múltiplos fármacos em bactérias). *Annu Rev of Biochem* **78**: 119-146.

Nordmann P, Cuzon G e Naas T (2009). A verdadeira ameaça das bactérias produtoras de carbapenemases *Klebsiella pneumoniae*. *Lancet Infect* **Dis** *9*: 228-236.

Nordmann P, Gniadkowski M, Giske CG, Poire L, Woodford N e Miriagou V (2012b). Identificação e rastreio de *Enterobacteriaceae* produtoras de carbapenemases. *Clin Microbiol Infect* **18**: 432-438.

Nordmann P, Naas T e Poirel L (2011b). Global Spread of Carbapenemase- producing *Enterobacteriaceae*. *Emerg Infect* **Dis 17**: 1791-1798.

Nordmann P, Poirel L e Dortet L (2012a). Deteção rápida de Enterobacteriaceae produtoras de carbapenemase. *Emerging Infect Dis* **18**: 15031507.

Nordmann P, Poirel L, Toleman MA e Walsh TR (2011a). Será que a resistência aos β-lactâmicos de largo espetro devida ao NDM-1 anuncia o fim da era dos antibióticos para o tratamento de infecções causadas por bactérias Gram-negativas? *J Antimicrob Chemother* **10**: 1-4.

Okonko IO, Fajobi EA, Ogunnusi TA, Ogunjobi AA e Obiogbolu CH (2008). Quimioterapia antimicrobiana e desenvolvimento sustentável: The past, The Current Trend, and the future (O passado, a tendência atual e o futuro). *Afr J Biomed Res* **11**: 235-250.

Oliva A, D'Abramo A, D'Agostino C, Iannetta M, Mascellino MT, Gallinelli C, Mastroianni CM e Vullo V (2014). Atividade sinérgica e eficácia de um regime de carbapenem duplo em infecções da corrente sanguínea *por Klebsiella pneumoniae* resistentes a pandemia. *J Antimicrob Agents Chemother* **69**: 1718-1720.

Padmini SB e Appalaraju B (2004). Extended spectrum β-lactamases in urinary isolates of *E. coli* and *Klebsiella pneumoniae,* prevalence and susceptibility pattern in tertiary care hospital. *Ind J Med Microbiol* **223**: 172174.

Pai H, Kim J, Lee JH, Choe KW e Gotoh N (2001). Mecanismos de resistência aos carbapenemes em isolados clínicos *de Pseudomonas aeruginosa.* **45**: 480-484.

Parry CM, Hien TT, Dougan G, White NJ, Farrar JJ (2002). Typhoid fever. *N Engl J Med* **347**:1770-1782.

Paterson DL (2006). Resistência em Bactérias Gram-Negativas: Enterobacteriaceae. *Am J Med* **119**: S20-S28.

Paterson DL (2006). The epidemiological profile of infections with multidrug-resistant *Pseudomonas aeruginosa* and *Acinetobacter* species. *Clin Infect* **Dis 43**: 43-48.

Paterson DL e Bomono RA (2005). β-Lactamases de espetro alargado: uma atualização clínica. *Clin Microbiol Rev* **18**: 657-686.

Pereira EC, Shaw KM, Vagnone PMS, Harper J, Lynfield R (2011). Uma revisão das Enterobacteriaceae multirresistentes. *Minnesota Medicine.*

Perez F, Endimiani A, Hujer KM e Bonomo RA (2007). O desafio contínuo das ESBLs. *Curr Opin*

Pharmacol **7**: 459-469.

Philippon A, Arlet G e Jacoby GA (2002). β-lactamases do tipo AmpC determinadas por plasmídeos. *Antimicrob Agents Chemother* **46**: 1-11.

Philips I e Eykyn SJ (1990). Bacteriémia, Septicémia e Endocardite. In: Smith G e Easmon C (eds) Topley and Wilson's Principle of Bacteriology, Virology and Immunity, Bacterial Diseases, 8th edn, BC Decker Inc., Philadelphia, Vol. 3, pp. 264-286.

Picao RC, Andrade SS, Nicoletti AG, Campana EH, Moraes GC, Mendes RE, Gales AC (2008). Deteção de metalo-β-lactamases: Avaliação comparativa da sinergia de disco duplo versus testes de disco combinados para isolados produtores de IMP-, GIM-, SIM-, SPM- ou VIM-. *J Clin Microbiol* **46**: 2028- 2037.

Piller CM, Torres MK, Brown NP, Shah D e Sahm DF (2008). Atividade in vitro do Doripenem, um Carbapenem para o tratamento de infecções difíceis causadas por bactérias Gram-negativas, contra isolados clínicos recentes dos Estados Unidos. *Antimicrob Agents Chemother* **52**: 4388-4399.

Pitout JDD, Sanders CC e Sanders WE (1997). Antimicrobial resistance with focus on β-lactam resistance in Gram-negative bacilli. *Am J Med* **103**: 5159.

Podschun R e Ullman U (1998). *Klebsiella* spp. como agentes patogénicos nosocomiais: Epidemiologia, Taxonomia, Métodos de Tipagem e Factores de Patogenicidade. *Clin MicrobiolRev* p. 589-603.

Poirel L, Potron A e Nordmann P (2012). Carbapenemases do tipo OXA-48: a ameaça fantasma. *J Antimicrob Chemother* **67**: 1597-1606.

Pokhrel BM, Koirala J, Mishra SK, Dahal RK, Khadka P e Tuladhar NR (2006). Estirpes produtoras de beta-lactamases de espetro alargado e multirresistência que causam infecções do trato respiratório inferior e do trato urinário. *JIOM* **8**: 3034.

Poudel S (2010). Prevalência de agentes patogénicos bacterianos multirresistentes produtores de β-lactamase isolados de diferentes amostras clínicas no Laboratório Nacional de Saúde Pública, Nepal. Dissertação de mestrado apresentada ao Departamento Central de Microbiologia, Universidade de Tribhuvan, Katmandu, Nepal.

Pournaras S, Poulou A e Tsakris A (2010). Métodos baseados em inibidores para a deteção de Enterobacteriaceae produtoras de carbapenemase KPC na prática clínica, utilizando compostos de ácido borónico. *J Antimicrob Chemother* **65**: 13191321.

Putman M, Van-Veen HW, Konings WN (2000). Molecular properties of bacterial multidrug transporters. *Microbiol Mol Biol Rev* **64**: 672-693.

Queenan AM e Bush K (2007). Carbapenemases: as versáteis β-lactamases. *Clin MicrobiolRev* **20**:440-458.

Rhomberg PR e Jones RN (2009). Resumo das tendências do programa de recolha anual de informações de testes de suscetibilidade ao Meropenem: Uma experiência de 10 anos nos Estados Unidos (1999-2008). *Diagn Microbiol Infect* **Dis 65**: 414-426.

Rolinson GN (1998). Forty years of β-lactam research. *J Antimicrob Chemother* **41**: 589-603.

Rubtsova MY, Ulyashova MM, Bachmann TT, Schmid RD e Egorov AM (2010). Multiparametric Determination of genes and their point mutations for identification of Beta-lactamases (Determinação multiparamétrica de genes e suas mutações pontuais para identificação de beta-lactamases). *Biochemistry (Moscovo)* **75**: 1628-49.

Sanders CV e Aldridge KE (1992). Current antimicrobial therapy of anaerobic infections. *Eur J Clin Microbiol Infect Dis.* **11**: 999-1011.

Savard P e Perl TM (2012). A call for action: managing the emergence of multidrug-resistant Enterobacteriaceae in the acute care settings. *Curr Opin Infect Dis* **25**: 371-377.

Savard P, Gopinath R, Zhu W, Kitchel B, Rasheed JK, Tekle T, Roberts A, Ross T, Razeq J, Landrum BM, Wilson LE, Limbago B, Peri TM e Carroll KC (2011). Primeira estirpe *de Salmonella* sp. positiva para NDM identificada nos Estados Unidos. *Antimicrob Agents Chemother* **55**: 5957-5958.

Schwaber MJ e Carmeli Y (2008). Enterobacteriaceae resistentes aos carbapenemes: uma ameaça potencial. *JAMA* **300**: 2911-2913.

Shah PM e Isaacs RD (2003). Ertapenem, o primeiro de um novo grupo de carbapenemes. *J Antimicrob Chemother* **52**: 538-542.

Spratt BG e Cromie KD (1988). Proteínas de ligação à penicilina de bactérias gram-negativas. *Rev Infect Dis* **10**: 699-711.

Srisangkaew S e Vorachit M (2003). The Optimum Agent for Screening and Confirmatory Tests for Extended-Spectrum β-lactamases in *Escherichia coli* and *Klebsiella pneumoniae* in Ramathibodi Hospital, Thailand, pp. 1-5.

Sulavik MC, Houseweart C, Cramer C, Jiwani N, Murgolo N e Greene J (2001). Antibiotic Susceptibility Profiles of *Escherichia coli* Strains Lacking Multidrug Efflux Pump Genes (Perfis de Suscetibilidade a Antibióticos de Estirpes *de Escherichia coli* sem Genes de Bombas de Efluxo de Multidrogas). *Antimicrob Agents Chemother* **45**: 1126-1136.

Susic E (2004). Mechanism of resistance in Enterobacteriaceae towards betalactam antibiotics. *Ata Med Croatica* **8**: 307-312.

Tangden T (2012). *Escherichia coli* e *Klebsiella pneumoniae* resistentes a múltiplos fármacos: Tratamento, seleção e disseminação internacional. Dissertação de doutoramento apresentada à Faculdade de Medicina da Universidade de Uppsala, Suécia. pp. 11-26.

Tenover FC, Emery SL, Spiegel CA, Bradford PA, Eells S, Endimiani A, Bonomo RA e McGowan JE (2009). Identification of Plasmid-Mediated AmpC β-Lactamases in *Escherichia coli*, *Klebsiella* spp., and *Proteus* species Can Potentially Improve Reporting of Cephalosporin Susceptibility Testing Results. *J Clin Microbiol* **47**: 294-299.

Tham J (2012). Enterobacteriaceae produtoras de beta-lactamase de espetro alargado: epidemiologia, factores de risco e duração do transporte. Um relatório de investigação apresentado ao Departamento de Ciências Clínicas da Universidade de Lund, Suécia. pp. 11-33.

Thokar MA, Fomda BA, Maroof P, Ahmed K, Bashir D e Bashir G (2010). Proliferação de bactérias gram-negativas produtoras de beta-lactamases de espetro alargado (ESBL), dados de diagnóstico e impacto na seleção da terapia antimicrobiana. *Physician Acad* **4**: 25-31.

Thomson KS (2010). Extended-Spectrum-β-Lactamase, AmpC, and Carbapenemase Issues (Questões relacionadas com a β-lactamase de espetro alargado, AmpC e Carbapenemase). *J. Clin. Microbiol* **48**(4): 1019-1025.

Toder K (2012). Livro de texto online de bacteriologia de Todar. Departamento de bacteriologia, Universidade de Wisconsin, EUA.

Tsakris A, Kristo I, Poulou A, Themeli-Digalaki K, Ikonomidis A, Petropoulou D, Pournaras S e Sofianou D (2009). Avaliação dos testes de disco de ácido borónico para diferenciar isolados de Klebsiella pneumoniae portadores de KPC no laboratório clínico. *JClinMicrobiol* **47**:362-367.

Upadhyay S, Sen MR e Bhattacharjee A (2012). Identificação e Caracterização de β-lactamase-KPC hidrolisante de Carbapenem entre Enterobacteriaceae: Um relatório do Norte da Índia. *Asian J Med Sci* **3**: 11-15.

Vandepitte J, Verhaegen J, Engbaek K, Rohner P, Piot P e Heuck CC (2004). Basic laboratory procedures in clinical bacteriology (Procedimentos laboratoriais básicos em bacteriologia clínica). 2ª edição, OMS, Genebra, AITBS Publishers and Distributors (Regd.) Delhi pp 86-120.

Varaiya A, Kulkarni M, Bhalekar P e Dogra J (2008). Incidência de *Pseudomonas aeruginosa* resistente aos carbapenemes em doentes com diabetes e cancro. *Indian J Med Microbiol* **26**: 238-240.

Vasanthakumari R (2009). Practical Microbiology. BI Publications Pvt. Ltd., Nova Deli.

Villa, Poirel L, Nordmann P, Carta C e Carattoli A (2012). Sequenciação completa de um plasmídeo IncH que transporta os genes blaNDM-1, blaCTX-M-15 e qnrB1. *J Antimicrob Chemother* **67**: 1645-

1650.

Walsh TR, Toleman MA, Poirel L e Nordman P (2005). Metallo-β- Lactamases: the Quiet before the Storm? *Clinl Microbiol Rev* **18**: 306-325.

Walsh TR (2010). Carbapenemases emergentes: uma perspetiva global. *Int J Antimicrob Agents* 36 Suppl 3: S8-14.

Walther-Rasmussen J e Hoiby N (2006). Carbapenemases do tipo OXa. *J Antimicrob Chemother*. **57**: 373-383.

OMS (2013). Insectos sem fronteiras: O desafio global dos MDRs. *Infect Cont Today*. pp. 120.

Yigit H, Queenan AM, Anderson GJ, Domenech-Sanchez A, Biddle JW, Steward CD, Alberti S, Bush K e Tenover FC (2001). Nova beta-lactamase hidrolisadora de carbapenemes, KPC-1, de uma estirpe de *Klebsiella pneumoniae* resistente aos carbapenemes. *Antimicrob Agents Chemother* **45**: 1151-1161.

Yigit H, Queenan AM, Rasheed JK, Biddle JW, Dommenech-Sanchez A, Alberti S, Bush K e Tenover FC (2003). Estirpe de *Klebsiella oxytoca* resistente aos carbapenemes que alberga carbapenemes- hidrolisando a β-lactamase KPC-2. *Antimicrob Agents Chemother 47:* 3881-3889.

Ynog D, Toleman MA, Giske CG, Cho HS, Sundman K, Lee K e Walsh TR (2009). Caracterização de um novo gene de metalo-β-lactamase, blaNDM-1 e de um novo gene de eritromicina-esterase transportado numa estrutura genética única na sequência de *Klebsiella pneumoniae* tipo 14 da Índia. *Antimicrobial Agents Chemother 53*: 5046-5054.

Yoswfi P e Dorreh F (2014). Infeção do trato urinário devido a *Salmonella* em uma criança saudável. *IJKD*. *8*:155-157.

Zhanel GG, Simor AE, Vercaigne L e Mandell L (1998). Imipenem e meropenem: Comparação da atividade in vitro, farmacocinética, ensaios clínicos e efeitos adversos. *Can J Infect Dis 9*: 215- 228.

Zhao WH e Hu ZQ (2011). Metalo-beta-lactamases do tipo IMP em bacilos Gramnegativos: distribuição, filogenia e associação com integrões. *Crit Rev Microbiol 37*: 214-226.

Zhen L (2012). Epidemiologia molecular de Enterobacteriaceae resistentes a carbapenem. Dissertação de Mestrado. Tese apresentada ao Departamento de Microbiologia da Universidade de Hong Kong. pp. 3-4.

APÊNDICES

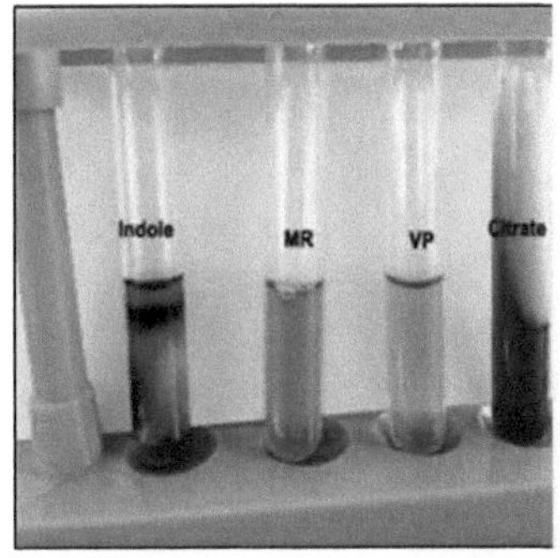
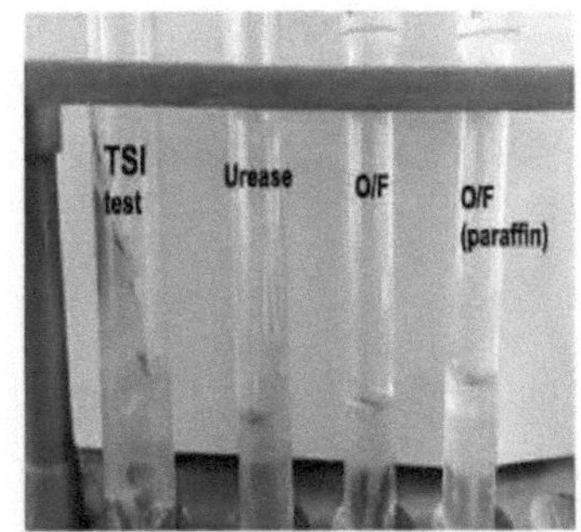

Fotografia 1: Testes bioquímicos de *Escherichia coli* (a) Testes IMViC (b) Testes TSI, Urease e O/F

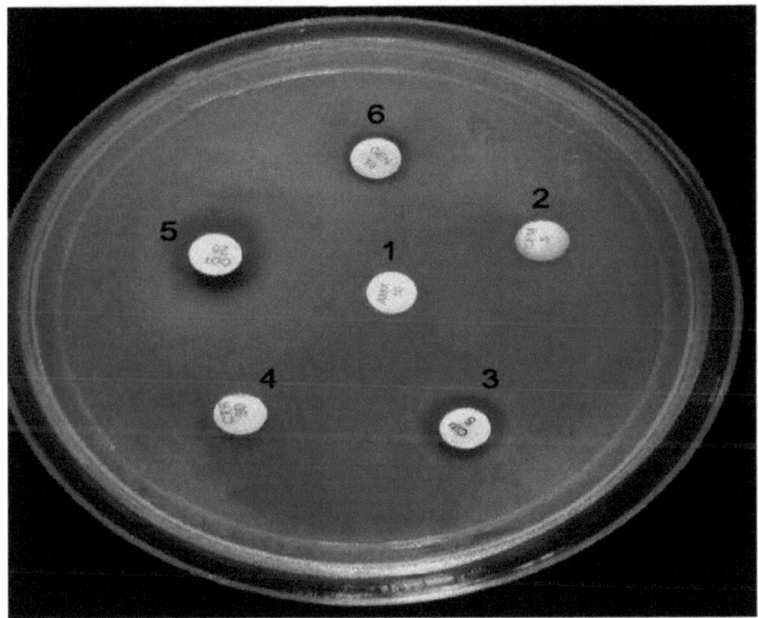

Fotografia 2: Teste de suscetibilidade a antibióticos de Enterobacteriaceae (*Escherichia coli*) em ágar Mueller Hilton (1: Amoxicilina; 2: Cefexima; 3: Ciprofloxacina; 4: Ceftriaxona; 5: Cotrimoxazol; 6: Gentamicina)

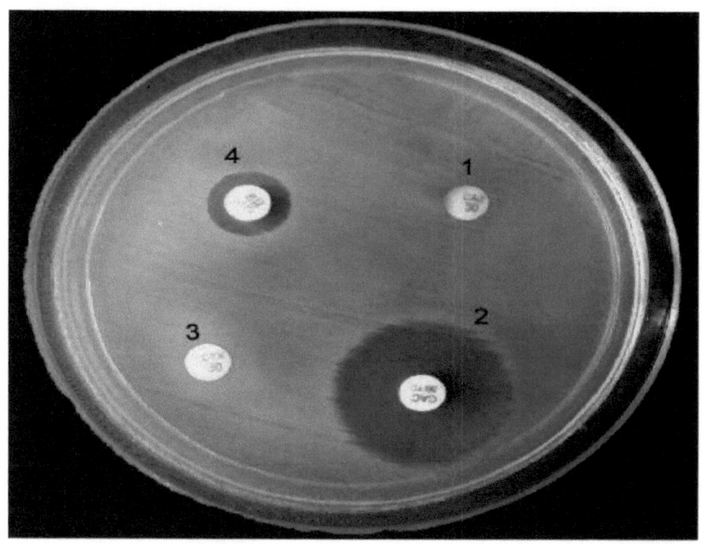

Fotografia 3: Teste ESBL positivo (1: Ceftazidima; 2:

Ceftazidima + ácido clavulânico; 3: Cefotaxima; 4: Cefotaxima + ácido clavulânico)

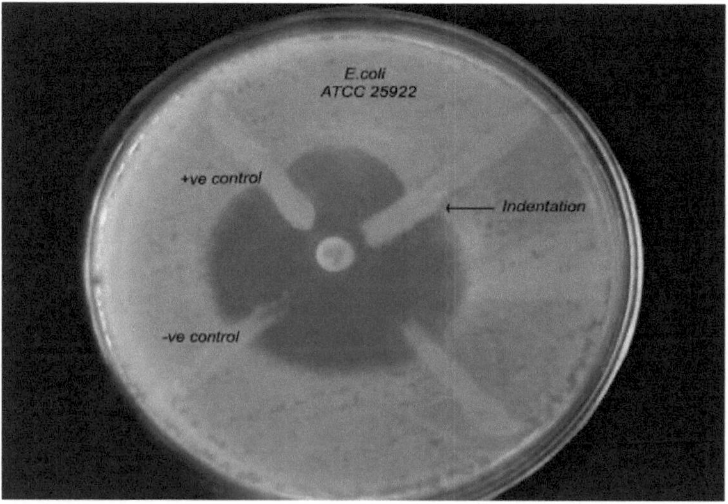

Fotografia 4: Deteção de produção positiva de carbapenemase através do teste de Hodge modificado

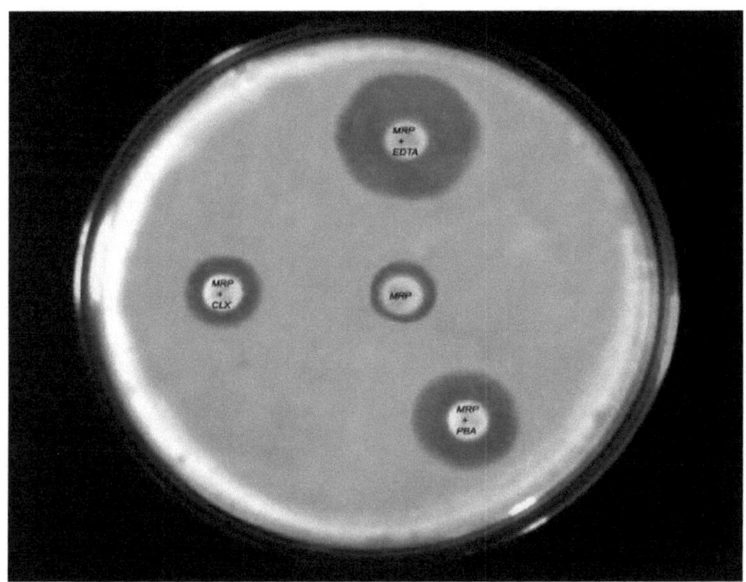

Fotografia 5: Teste de disco combinado que indica a produção de carbapenemases de classe A e de classe B em *Escherichai coli*

APÊNDICE-A

Lista de equipamentos, materiais e fornecimentos

A. EQUIPAMENTO

Autoclave (Stermite, Japão)	Impressora (Epson, Indonésia)
Forno de ar quente (Memmert, Alemanha)	Frigorífico (Videocon, Índia e
Inncubadora (Sakura, Japão)	Sanyo, Japão)
Microscópio (Olympus, Japão)	Misturador Vortex (Gemmy, Taiwan)
Micropipetas (Biohit, Finlândia)	Máquina de pesagem (Ohasus, EUA)

B. MEIOS DE CULTURA MICROBIOLÓGICA (Hi-Media, Índia; Oxoid

Unipath, Inglaterra)

Base de ágar sangue	Caldo Mueller Hilton
Caldo de infusão cérebro-coração	Ágar nutriente
Ágar MacConkey	Caldo de nutrientes
Ágar Mueller Hilton	Desoxicolato de xilose e lisina (XLD)

Caldo de soja tríptico   Ágar

C. MEIOS DE TESTE BIOQUÍMICOS (Hi-Media, Índia)

Hugh e Leifson's Medium   Ágar citrato de Simmon

Caldo MR-VP   Ágar Ferro Triplo Açúcar

SIM Agar   Base de ágar ureia

D. PRODUTOS QUÍMICOS E REAGENTES

Reagente de catalase   Reagente de Kovac

Reagente de Barritt   Nigrosina

Cloreto de bário   Reagente de oxidase

Ácido sulfúrico concentrado   Óleo de parafina

Álcool etílico   Lysol

Glicerol   Sulfato de zinco

Reagentes para coloração de Gram   Dimetilsulfóxido

E. DISCOS E PÓS DE ANTIBIÓTICOS

Discos de antibióticos (Hi-Media, Índia) para o teste de suscetibilidade aos antibióticos:

Amoxicilina (10µg)   Cotrimoxazol (25µg)

Amicacina (30µg)   Ciprofloxacina (5µg)

Aztreonam(3 0 µg)   Doxiciclina (30µg)

Cefexime (5µg)   Gentamicina (10µg)

Cefotaxima (30µg)   Imipenem (10µg)

Ceftriaxona (30µg)   Meropenem (10µg)

Ceftazidima (30µg)

Discos de antibióticos (Hi-Media, Índia) para o teste de ESBL:

Cefotaxima (30µg)   Cefotaxima/clavulanato (3Oµg/1Oµg)

Ceftazidima (30µg)   Ceftazidima/clavulanato (30µg/10µg)

Pós e produtos químicos (Sigma Chemicals, St. Louis) utilizados para a tipagem da resistência ao carbepenem:

Ácido fenil borónico (PBA)   Ácido etilenodiamino-tetraacético

Cloxacilina   (EDTA)

F. DIVERSOS

Algodão, água destilada, queimadores a gás, isqueiros a gás, material de vidro, varetas de vidro, lâminas de vidro, saco de gelo, anéis de inoculação, fios de inoculação, etiquetas de rotulagem, cilindros de medição, marcadores, fita para-filme, pipetas, pontas de pipeta, recipientes de plástico, soro fisiológico, balança, recipientes de recolha de amostras, seringa, tubos de ensaio, papel de tecido, etc.

APÊNDICE-B

PERFIL CLÍNICO E MICROBIOLÓGICO DO DOENTE

Informação do doente:

Nome: .... Regd. Não.: .... Laboratório   Não.:.........

Data: Idade/Sexo:.....................

Endereço:.. Urbano [...]/Rural [...]

Número de membros da família: ..... Rendimento médio anual:...............................

Breve história clínica:

Sintomas clínicos: ....

Alguma(s) infeção(ões) causada(s) no passado: Sim / Não Se sim: 1). . 2) . . . 3) . .

Quando: ....

Algum(ns) antibiótico(s) utilizado(s) no passado: Sim/Não Se sim: 1). . 2) . . . 3) . .

Quando: ....

Internamento hospitalar (antes da colheita de amostras): . . dias

Doenças não infecciosas (se presentes): 1) Malignidade ...

2)   Doença cardíaca .

3)   Asma . .

Dispositivos médicos invasivos (se utilizados): 1) Cateteres urinários .

2)   Tubos endotraqueais . .

3)   Qualquer outro

Perfil microbiológico:

❖   **Dia 1 (............. /.............../ ....)**

Espécime: ....

Hora da recolha da amostra:.......................................

Modo de recolha:...................................Receção   tempo no laboratório:...........

Observação microscópica direta (se necessário):1).................2)....................3)..............

Incubação: 1) Aeróbia [...] 2) Anaeróbia [...] 3) Microaerófila [...]

Temperatura de incubação:................................ Incubação   Tempo de incubação:.

Cultura em: 1) .... 2)   .... 3) ....

❖   **Dia 2 (................/............./ ....)**

Caraterísticas da colónia do(s) organismo(s) nas placas de cultura:

S. Não.	Media	Cor	Forma	Tamanho	Configuração	Consistência	Opacidade	Hemólise

Resultados da coloração:

S. Não.	Coloração Método	Mancha utilizada	Cor do organismo	Forma do organismo	Disposição das células	Inferência

Reação de Gram: .... Teste da catalase: ....

Teste da oxidase: .... Outros: ....

Identificação provisória do organismo: ....

Inoculação em: 1) .... 2)...........................3)......................

❖   **Dia 3 (................/........./.....................)**

Testes bioquímicos:

SIM: MR: .... VP: ....

Citrato:.................... ETI: .... Urease: ....

Teste O/F:...................... Outros:..................................

Organismo identificado como (nome do organismo): ....

Teste de sensibilidade aos antibióticos: Método de difusão em disco Kirby-Bauer modificado

Antibiótico utilizado	Tamanho da zona de referência (mm) pelo CLSI			Zona de inibição (mm)	Interpretação
	S	I	R		

Dia 4 (............/ .... /..................)

Teste de confirmação de ESBL

Disco único	Disco de combinação utilizado	Aumento da dimensão da zona de Inibição (mm)	Interpretação
Cefotaxima	Cefotaxima+Clavulanato		
Ceftazidima	Ceftazidima+Clavulanato		

Teste de confirmação da resistência aos carbapenemes: Teste de Hodge modificado

Carbepenem Disco	Media	Relvado cultura	Controlo Estirpe +ve	-ve	Presença/ausência de indentação em "folha de trevo	Interpretação
Meropenem (10µg)	MHA com ZnSO₄ (100 µg^l)					

Dia 5 (............/ .... /....................)

Tipagem da Carbapenemase

Disco único	Combinar disco	Aumento do tamanho da zona de inibição (mm)	Interpretação
Meropenem	Meropenem-PBA		
	Meropenem-EDT A		
	Meropenem-Cloxacilina		

Nota: O título da proposta de tese aprovada pelo IRC foi reorganizado como **"Deteção fenotípica de classes moleculares de Beta-lactamases entre os isolados de Enterobacteriaceae resistentes aos Carbapenemes"** relativamente às metodologias aplicadas no laboratório.

APÊNDICE-C

PROCEDIMENTO DE COLORAÇÃO DE GRAM

Concebida pela primeira vez por Hans Christian Gram no final do século XIX, a coloração de Gram pode ser utilizada eficazmente para dividir todas as espécies bacterianas em dois grandes grupos: as que absorvem o corante básico, violeta de cristal (Gram-positivas) e as que permitem que o corante de cristal seja facilmente lavado com o agente descolorante, álcool ou acetona (Gram-negativas). Os passos seguintes estão envolvidos na coloração de Gram

1. Prepara-se e seca-se uma película fina do material a examinar.

2. O material na lâmina é fixado pelo calor e deixado arrefecer antes da coloração.

3. Inundar a lâmina com o corante violeta cristal e deixar secar durante 10-30 segundos.

4. A lâmina é lavada com água da torneira, sacudindo o excesso.

5. Inundar a lâmina com solução de iodo e deixar que esta permaneça na superfície sem secar durante o dobro do tempo em que o violeta cristal estiver em contacto com a superfície da lâmina.

6. A lâmina é lavada com água da torneira, sacudindo o excesso.

8. A lâmina é inundada com álcool ou acetona durante 10 segundos e enxaguada imediatamente com água da torneira até que não saia mais cor da lâmina com o descolorante. Os esfregaços mais espessos requerem uma descoloração mais agressiva.

9. A lâmina é inundada com contracoloração (safranina) durante 30 segundos e lavada com água da torneira.

10. A lâmina é colocada entre duas folhas limpas de papel absorvente e examinada microscopicamente sob imersão em óleo a 1000X.

APÊNDICE-D

TESTES BIOQUÍMICOS PARA IDENTIFICAÇÃO DE BACTÉRIAS

Teste da catalase

A catalase, uma enzima, é uma hemeproteína com quatro átomos de ferro trivalente (Fe^{3+}) como grupo prostético. Durante a respiração aeróbia, na presença de oxigénio, os microrganismos produzem peróxido de hidrogénio, que é letal para a própria célula. O peróxido de hidrogénio pode também ser produzido em aeróbios e anaeróbios facultativos através da ação da superóxido dismutase. A enzima catalase decompõe o peróxido de hidrogénio em água e oxigénio. A enzima catalase está presente na maioria das bactérias aeróbias e anaeróbias facultativas que contêm citocromos, sendo a principal exceção o *Streptococcus* sp.

Retira-se uma pequena quantidade de uma cultura da placa de ágar nutriente para uma lâmina de vidro limpa e colocam-se cerca de 2-3 gotas de H2O2 a 3% na superfície da lâmina. O teste positivo é indicado pela formação de borbulhamento ativo do gás oxigénio. Pode obter-se uma reação falsa positiva se o meio de cultura contiver catalase (por exemplo, ágar-sangue) ou se for utilizada uma ansa de fio de ferro.

Teste da oxidase

O teste da oxidase é um meio de detetar especificamente a presença do sistema enzimático terminal na respiração aeróbica, denominado citocromo C oxidase ou citocromo a3, que catalisa o transporte de electrões entre dadores de electrões. Na presença do corante redox cloridrato de *tetrametil-p-fenilenodiamina*, a citocromo oxidase oxida-o num produto final de cor púrpura profunda, o indofenol, que é detectado no teste.

Deixa-se secar um pedaço de papel de filtro embebido com o reagente de oxidase (1% de dicloridrato de tetra-metil-p-fenilenodiamina). Em seguida, a colónia do organismo testado é espalhada sobre o papel de filtro. O teste positivo é indicado pelo aparecimento de uma cor azul-púrpura no espaço de 10 segundos.

Ensaio de oxidação-fermentação

Este teste é efectuado para determinar o metabolismo oxidativo ou fermentativo dos hidratos de carbono, resultando na produção de vários ácidos orgânicos como produto final. Algumas bactérias são capazes de metabolizar hidratos de carbono (tal como demonstrado pela produção de ácido) apenas em condições aeróbias, enquanto outras produzem ácido tanto em condições aeróbias como anaeróbias. A maioria das bactérias de importância médica são anaeróbios facultativos.

O organismo a testar é introduzido no fundo de dois conjuntos de tubos com meios de Hugh e Leifson, sendo o azul de bromotimol o indicador de pH. O meio inoculado num dos tubos é coberto com uma camada de 10 mm de profundidade de óleo de parafina estéril. Os tubos são então incubados a 37°C durante 24 horas. Após a incubação, são examinados quanto à utilização de hidratos de carbono, como demonstrado pela produção de ácido. Os organismos fermentativos utilizam os hidratos de carbono, tanto nos tubos abertos como nos selados, através de uma mudança de cor do azul de bromotimol, o meio indicador de pH, de verde para amarelo, devido a um pH ácido. Os organismos oxidativos, no entanto, só podem utilizar os hidratos de carbono no tubo aberto.

Ensaio de produção de indole

O princípio do teste do indol consiste em determinar a capacidade de um organismo para produzir uma enzima: a "triptofanase", que oxida o triptofano para formar metabolitos indólicos: indol, escatol (metilindol) e ácido indolacético. Este teste é um dos testes bioquímicos importantes para diferenciar géneros e mesmo espécies de bactérias, em particular do grupo Enterobacteriaceae.

Uma colónia bacteriana lisa é esfaqueada no meio SIM (Sulphide Indole Motility) com um fio estéril e o meio inoculado é incubado a 37°C durante 24 horas. Após 24 horas de incubação, adiciona-se 0,5 ml de reagente de Kovac. O aparecimento de cor vermelha na parte superior do meio indica que o meio é indol positivo. O indol, se presente, combina-se com o aldeído presente no reagente para dar uma cor vermelha na camada de álcool. A reação de cor baseia-se na presença da estrutura de pirrol presente no indol.

Ensaio com vermelho de metilo

O princípio básico deste teste consiste em testar a capacidade de um organismo para produzir e manter uma quantidade suficiente de produtos finais ácidos a partir da fermentação da glucose, que produzem uma cor vermelha com o indicador vermelho de metilo. A mudança de cor denota alterações no grau de acidez numa gama de pH de 4,4-6,2. O indicador vermelho de metilo torna-se vermelho a um pH igual ou inferior a 4,4 e amarelo a um pH igual ou superior a 6,2.

Inocula-se uma colónia pura do organismo de teste em 2 ml de meio MR-VP e incuba-se a 37°C durante 24 horas. Após a incubação, adicionam-se cerca de 5 gotas de reagente vermelho de metilo e misturam-se bem. O teste positivo é indicado pelo desenvolvimento de uma cor vermelha brilhante, indicando acidez.

Teste de Voges-Proskauer (VP)

Este teste é utilizado para detetar a capacidade de um organismo para produzir um produto final neutro. A glucose/dextrose é metabolizada em ácido pirúvico, que é o principal produto intermédio da glicólise. Alguns microrganismos produzem acetilmetilcarbinol (acetoína) ou o seu produto de redução 2,3-butanidiol durante a fermentação de hidratos de carbono. Embora muitos membros das Enterobacteriaceae sejam capazes de produzir um VP positivo, o teste é utilizado principalmente para diferenciar *Escherichai coli* de *Klebsiella* sps e *Enterobacter* sps.

Inocula-se uma colónia pura do organismo de teste em 2 ml de meio MR-VP e incuba-se a 37°C durante 24 horas. Após a incubação, adicionam-se cerca de 5 gotas do reagente de Barritt, agita-se bem para obter o máximo de arejamento e mantém-se durante 15 minutos. O teste positivo é indicado pelo desenvolvimento de uma cor vermelha rosada.

Teste de utilização de citrato

Este teste determina a capacidade de um organismo para utilizar citrato como única fonte de carbono para o metabolismo, com a alcalinidade resultante. A utilização de citrato depende da presença da enzima citratase (citrato oxaloacetato-liase) ou citrato demolase. Os organismos capazes de utilizar o citrato como única fonte de carbono também utilizam os sais de amónio presentes no meio como única fonte de azoto; os sais de amónio são decompostos em amoníaco, resultando em alcalinidade.

Uma alça do organismo testado é semeada na área inclinada do meio Ágar Citrato de Simmon e incubada a 37°C durante 24 horas. Um teste positivo é indicado pelo crescimento do organismo e pela mudança do meio de verde para azul, devido à reação alcalina. O indicador de pH azul de bromotimol tem um intervalo de pH entre 6,0 e 7,6, ou seja, acima de pH 7,6, desenvolve-se uma cor azul devido à alcalinidade do meio.

Teste de motilidade

Alguns microrganismos podem ser móveis e outros não. O principal organelo responsável pela motilidade bacteriana é o flagelo. Os meios de motilidade utilizados para o teste de motilidade são semi-sólidos, tornando as interpretações de motilidade macroscópicas. Estes meios contêm apenas cerca de 0,4% de ágar que não inibe a natação das bactérias através do meio. Os meios SIM utilizados para detetar a produção de indol também podem detetar a motilidade do organismo. Os organismos móveis migram da linha de base e difundem-se no meio, causando turvação. Enquanto que as bactérias não-móveis mostram o crescimento ao longo da linha de estribo, e o meio circundante permanece incolor e claro.

Ágar Tríplice Açúcar-Ferro (TSI)

As reacções das bactérias em ágar Tripe sugar iron (TSI) podem ser utilizadas para orientar a identificação inicial de bactérias Gram negativas, em especial membros das Enterobacteriaceae. O meio é utilizado para determinar a capacidade de um organismo para utilizar hidratos de carbono específicos incorporados no meio (glucose, sacarose e lactose em concentrações de 0,1%, 1,0% e 1,0%, respetivamente), com ou sem a produção de gás (indicada por fissuras no meio, bem como por um espaço de ar no fundo do tubo), juntamente com a determinação da possível produção de sulfureto de hidrogénio (detectada pela produção de cor preta no meio).

O organismo de teste é semeado e esfaqueado na superfície do TSI e incubado a 37°C durante 24 horas. A produção de ácido limitada apenas à região da extremidade do tubo é indicativa da utilização de glucose, enquanto a produção de ácido na parte oblíqua e na extremidade indica fermentação de sacarose ou lactose. O vermelho de fenol é o indicador de pH que dá uma reação amarela em pH ácido e uma reação vermelha para indicar um ambiente alcalino.

Ensaio de hidrólise da ureia

Este teste demonstra a atividade da urease presente em certas bactérias que decompõem a ureia, libertando amoníaco e dióxido de carbono. O amoníaco assim produzido altera a cor do indicador vermelho de fenol incorporado no meio. É um teste de diagnóstico útil para identificar bactérias, especialmente para distinguir membros do género *Proteus* de outros agentes patogénicos gram-negativos.

O organismo de teste é inoculado num meio contendo ureia. O meio inoculado é incubado a 37°C durante a noite. Durante a incubação, os microrganismos capazes de produzir a enzima urease libertam NH_3, o que provoca o aumento do pH do meio. À medida que o pH aumenta, a cor do vermelho de fenol muda de laranja para rosa intenso.

APÊNDICE-E

COMPOSIÇÃO E PREPARAÇÃO DE MEIOS E REAGENTES

1. Composição e preparação dos meios de cultura

Os meios de cultura utilizados provêm de três empresas

a.   Hi-Media Laboratories Pvt. Limited, Bombaim, Índia.

b.   Oxoid Unipath Ltd. Basingstoke, Hampshire, Inglaterra.

c.   Mast Diagnostics, Mast house, Derby Road, Bootle.

(Todas as composições são dadas em gramas por litro e à temperatura de 25^0C)

1. Ágar sangue (BA)

Ágar-sangue base (ágar para infusão) + 5-10% de sangue de carneiro

Ingredientes	g/litro
Infusão de coração de boi	500.0
Triptose	10.0
Cloreto de sódio	5.0

Ágar 15.0

pH final (a 25^0C) 7.3±0.2

Suspender 42,5 g do meio de base de ágar-sangue em 1000 ml de água destilada e esterilizar em autoclave a 121^0C (15 libras de pressão) durante 15 minutos. Após arrefecimento a 40-50°C, adiciona-se assepticamente 50 ml de sangue de carneiro desfibrinado estéril e mistura-se bem antes de verter.

2. Caldo de infusão de coração cerebral

Ingredientes	g/litro
Infusão de cérebro de vitelo	200.0
Infusão de coração de boi	250.0
Peptona	10.0
Dextrose	2.0
Cloreto de sódio	5.0
Fosfato dissódico	2.5

pH final (a 25^0C) 7.4±0.2

37 g de pó são suspensos em 1000 ml de D/W. A suspensão é aquecida para dissolver e distribuída em frascos e esterilizada por autoclavagem a 15 lbs de pressão a (121^0C) durante 15 minutos.

3. Ágar chocolate (CA)

O ágar-sangue esterilizado é vertido em placas de Petri, deixa-se solidificar e aquece-se a 75^0C numa estufa durante 30 minutos. Nesta altura, a cor muda para castanho chocolate.

4. Ágar MacConkey (MA)

(Sem taurocolato de sódio, sem sal e violeta de cristal)

Ingredientes	g/litro
Peptona	20.0
Lactose	10.0
Taurocholato de sódio	5.0
Cloreto de sódio	5.0
Vermelho neutro	0.04

Ágar 20.0

pH final (a 25^0C) 7.4±0.2

55 g do meio são suspensos em 1000 ml de água destilada e depois fervidos até se dissolverem completamente. Em seguida, o meio é esterilizado por autoclavagem a 121^0C (15 lbs de pressão) durante 15 minutos.

5. Ágar Mueller Hinton (MHA)

Ingredientes	g/litro
Carne de bovino, Forma de infusão	300.0
Hirolisado ácido de caseína	17.5

Amido   1.5

Ágar   17.0

pH final (a 25⁰C) 7.4±0.2

Suspender 38 g do meio em 1000 ml de água destilada, aquecer até dissolver o meio e autoclavar.

(Para a confirmação e tipagem da resistência aos carbapenemes, adiciona-se 100 µg/ml de ZnSO4 às placas MHA)

6.   Caldo Mueller Hinton

Ingredientes	g/litro
Carne de vaca	300.00
Hidroxilato de caseína	17.50
Amido	1.50
Cálcio	0.003665
Magnésio	6.29

pH final (a 25⁰C) 7.3±0.1

Adicionam-se 21 g do meio a 1 litro de água destilada, misturando bem para dissolver. Distribuem-se 10 ml em tubos de ensaio e esterilizam-se por autoclavagem a 15 lbs de pressão (121⁰C) durante 15 minutos.

7.   Ágar Nutriente (NA)

Ingredientes	g/litro
Peptona	10.0
Cloreto de sódio	5.0
Extrato de carne de bovino	10.0
Extrato de levedura	1.5

Ágar   12.0

pH final (a 25⁰C) 7.4±0.2

37 g do meio são suspensos em 1000 ml de água destilada e depois fervidos até se dissolverem completamente. Em seguida, o meio é esterilizado por autoclavagem a 15 lbs de pressão (121⁰C) durante 15 minutos.

8.   Caldo de nutrientes (NB)

Ingredientes	g/litro
Peptona	5.0
Cloreto de sódio	5.0

| Extrato de carne de bovino | 1.5 |
| Extrato de levedura | 1.5 |

pH final (a 25⁰C) 7.4±0.2

pH final (a 25^0C) 7.4±0.2

Dissolver 13 g do meio em 1000 ml de água destilada e autoclavar a 121^0C durante 15 minutos.

9.   Caldo de soja tríptico + 20% de glicerol

Ingredientes	g/litro
Digestão pancreática da caseína	15.0
Digestão enzimática de farinha de soja	5.0
Cloreto de sódio	5.0
Glicerol	200 ml

pH final (a 25^0C) 7.3 ± 0.2

Suspender 40 g do meio em 1 litro de água destilada com 200 ml de glicerol e misturar bem. Ferve-se completamente e autoclave-se a 121^0C durante 15 minutos.

10.   Ágar Xilose Lisina Desoxicolato

Ingredientes	g/litro
Extrato de levedura	3.0
L-lisina	5.0
Lactose	7.5
Sacarose	7.5
Xilose	3.5
Cloreto de sódio	5.0
Desoxicolato de sódio	2.5
Tiossulfato de sódio	6.8
Citrato férrico de amónio	0.8
Vermelho de fenol	0.08

Ágar 15.0

pH final (a 25^0C) 7.4± 0.2

Transferir 55 g de XLD para 50 ml de D/W e misturar. Adicionam-se 950 ml de D/W e aquece-se até à ebulição para dissolver completamente. O produto não é autoclavado e é diretamente vertido em placas secas estéreis.

11. Composição e preparação dos meios de ensaio bioquímicos

Os meios de cultura utilizados foram de:

a. Hi-Media Laboratories Pvt. Limited, Bombaim, Índia.

1. MR-VP Médio

Ingredientes	g/litro
Peptona tamponada	7.0
Dextrose	5.0
Fosfato Dipotássico	5.0

pH final (a 25^{0}C) 6.9±0.2

Dissolvem-se 17 g em 1000 ml de água destilada. Distribuir 3 ml de meio em cada tubo de ensaio e esterilizar em autoclave a 121^{0}C durante 15 minutos.

2. Hugh e Leifson's Medium

Ingredientes	g/litro
Triptona	2.0
Cloreto de sódio	5.0
Fosfato Dipotássico	0.3
Azul de bromotimol	0.08

Ágar 2.0

pH final (a 25^{0}C) 6.8±0.2

9,4 g do meio são reidratados em 1000 ml de água destilada fria e depois aquecidos até à ebulição para se dissolverem completamente. O meio é distribuído em quantidades de 100 ml e esterilizado no autoclave durante 15 minutos a 15 lbs de pressão (121^{0}C). A 100 ml de meio estéril adicionam-se assepticamente 10 ml de dextrose estéril, misturam-se bem e distribuem-se quantidades de 5 ml em tubos de cultura estéreis.

3. Meio de motilidade de sulfureto de índio (SIM)

Ingredientes	g/litro
Extrato de carne de bovino	3.0
Peptona	30.0
Ferro peptonado	0.2
Tiossulfato de sódio	0.025

Ágar 3.0

pH final (a 25⁰C) 7.3±0.2

Suspende-se 36 g do meio em 1000 ml de água destilada e dissolve-se completamente. Em seguida, é distribuído em tubos a uma profundidade de cerca de 5 cm e esterilizado.

4.   Ágar citrato de Simmon

Ingredientes	g/litro
Sulfato de magnésio	0.2
Fosfato de monoamónio	1.0
Fosfato Dipotássico	1.0
Citrato de sódio	2.0
Cloreto de sódio	5.0
Ágar	15.0
Azul de bromotimol	0.08

pH final (a 25⁰C) 6.8±0.2

Dissolvem-se 24,2 g do meio em 1000 ml de água destilada. Distribui-se 3 ml de meio em tubos de ensaio e esteriliza-se por autoclavagem a 121⁰C durante 15 minutos. Após a autoclavagem, os tubos que contêm o meio são inclinados para formar uma inclinação.

5.   Ágar Tríplice Açúcar-Ferro (TSI)

Ingredientes	g/litro
Peptona	10.0
Triptona	10.0
Extrato de levedura	3.0
Extrato de carne de bovino	3.0
Lactose	10.0
Sacarose	10.0
Dextrose	1.0
Sulfato ferroso	0.2
Cloreto de sódio	5.0
Tiossulfato de sódio	0.3
Vermelho de fenol	0.024
Ágar	12.0

pH final (a 25⁰C) 7.4±0.2

Dissolvem-se 65 g do meio em 1000 ml de água destilada e esteriliza-se por autoclavagem a 15 lbs (1210C) de pressão durante 15 minutos. O meio é deixado assentar em forma inclinada com um fundo de cerca de 1 polegada de profundidade.

b.   Ágar ureia de Christensen

Ingredientes	g/litro
Peptona	1.0
Dextrose	1.0
Cloreto de sódio	5.0
Fosfato Dipotássico	1.2
Fosfato mono-potássico	0.8
Vermelho de fenol	0.012

Ágar 15.0

pH final (a 25⁰C) 7.4±0.2

Suspendem-se 24 g do meio em 950 ml de água destilada e esteriliza-se por autoclavagem a 1210C durante 15 minutos. Depois de arrefecer até cerca de 45⁰C, adicionam-se 50 ml de ureia a 40% e misturam-se bem. Em seguida, distribuir 5 ml num tubo de ensaio e colocá-lo numa posição inclinada.

1.   Composição e preparação dos reagentes de coloração e de teste

1.   Para a mancha de Gram

(a)   Solução de Violeta Cristalino

Violeta Cristal	20.0 g
Oxalato de amónio	9.0 g
Etanol ou Metanol	95 ml

Água destilada (D/W) para fazer 1 litro

Preparação: Num pedaço de papel limpo, pesam-se 20 g de violeta cristal e transferem-se para um frasco castanho limpo. Em seguida, adicionam-se 95 ml de etanol e misturam-se até à dissolução completa do corante. À mistura, adicionam-se 9 g de oxalato de amónio dissolvidos em 200 ml de D/W. Por fim, o volume foi completado para 1 litro adicionando D/W.

(b)   Iodo de Lugol

Iodeto de potássio	20.0 g

Iodo   10.0 g

Água destilada   1000 ml

Preparação: Para 250 ml de D/W, dissolvem-se 20 g de iodeto de potássio. Em seguida, misturam-se 10 g de iodo até à sua dissolução completa. Por fim, adiciona-se D/W para perfazer o volume de 1 litro.

(c)   Agente descolorante de acetona-álcool

Acetona   500 ml

Etanol (Absoluto)   475 ml

Água destilada   25 ml

Preparação: A 25 ml de D/W, adicionam-se 475 ml de álcool absoluto, misturam-se e transferem-se para um frasco limpo. De seguida, adicionam-se imediatamente 500 ml de acetona ao frasco e misturam-se bem.

(d)   Safranin (Mancha de contador)

Safranina   10.0 g

Água destilada   1000 ml

Preparação: Num pedaço de papel limpo, pesam-se 10 g de safranina e transferem-se para um frasco limpo. De seguida, adiciona-se 1 litro de D/W ao frasco e mistura-se bem até a safranina se dissolver completamente.

2.   Solução salina normal

Colrido de Sdio   0.85 g

Água destilada   100 ml

Preparação: Pesa-se o cloreto de sódio e transfere-se para um frasco estanque previamente marcado para conter 100 ml. Adiciona-se água destilada até à marca de 100 ml e mistura-se até o sal estar completamente dissolvido. O frasco é rotulado e armazenado à temperatura ambiente.

3.   Reagentes de teste

(a)Para o ensaio da catalase

Reagente de catalase (3% H2O2)

Peróxido de hidrogénio   3 ml

Água destilada   97 ml

Preparação: A 97 ml de D/W, adicionam-se 3 ml de peróxido de hidrogénio e misturam-se bem.

(b)   Para o teste da oxidase

Reagente de oxidase (impregnado em papel de filtro Whatman n.º 1)

Dihidrocloreto de tetrametil p-fenileno diamina 1 g (TPD)

Água destilada   100 ml

Preparação: Esta solução reagente é obtida dissolvendo 1 g de TPD em 100 ml de D/W. Nesta solução, embebem-se e escorrem-se tiras de papel de filtro Whatman n.º 1 durante cerca de 30 segundos. Em seguida, estas tiras são liofilizadas e armazenadas num frasco escuro, hermeticamente fechado com uma tampa de rosca.

(c) Para o ensaio do indole

Reagente de indole de Kovac

Álcool isoamílico	30 ml
p-dimetil aminobenzaldeído	2.0 g
Ácido clorídrico	10 ml

Preparação: Em 30 ml de álcool isoamílico, dissolvem-se 2 g de *p-dimetil* aminobenzaldeído e transferem-se para um frasco castanho limpo. Em seguida, adicionam-se 10 ml de HCl conc. e misturam-se bem.

(d) Para o teste do vermelho de metilo

Solução de vermelho de metilo

Vermelho de metilo	0.05 g
Álcool etílico (absoluto)	28 ml
Água destilada	22 ml

Preparação: Dissolve-se 0,05 g de vermelho de metilo em 28 ml de etanol e transfere-se para um frasco castanho limpo. Em seguida, adicionam-se 22 ml de D/W a esse frasco e misturam-se bem.

(e) Para o teste de Voges-Proskauer (Reagente de Barritt)

• <u>Solução A</u>

α-Napthol	5.0 g
Álcool etílico (absoluto)	100 ml

Preparação: Em 25 ml de D/W, dissolvem-se 5 g de α-Napthol e transferem-se para um frasco castanho limpo. Em seguida, o volume final é completado com 100 ml de D/W.

• <u>Solução B</u>

Hidróxido de potássio	40.0 g
Água destilada	1000 ml

Preparação: Para 25 ml de D/W, dissolvem-se 40 g de KOH e transferem-se para um frasco castanho limpo. Em seguida, adiciona-se D/W para perfazer o volume final de 100 ml.

APÊNDICE-F

MÉTODO DE DIFUSÃO EM DISCO DE KIRBY-BAUER MODIFICADO PARA TESTES DE SUSCEPTIBILIDADE ANTIMICROBIANA

A. Preparação do padrão 0,5 McFarland

Adicionar 0,5 ml de BaCl2 0,048M (1,17% p/vBaCl2.2H2O) a 99,5 ml de H2SO4 0,18M (1% v/v) com agitação constante.

B. Preparação do inóculo

Tocando em 2-3 colónias morfologicamente semelhantes com uma ansa estéril, inocular em MHB ou NB e incubar a 37 ^{0}C até a turvação corresponder à do padrão 0,5 McFarland. Também pode ser utilizado o método de suspensão direta de colónias.

C. Inoculação de placas de ágar

a. As placas de ágar e o recipiente com os discos são colocados à temperatura ambiente antes de serem utilizados. Deve certificar-se de que a superfície do ágar não tem humidade, caso contrário, deve ser seca mantendo-a na incubadora.

b. Utilizando uma zaragatoa estéril, inocula-se uma placa de ágar Mueller-Hinton com a suspensão bacteriana utilizando a técnica de cultura em tapete. A placa é deixada durante cerca de 5 minutos para que a superfície do ágar seque.

c. Utilizando pinças estéreis, são colocados discos antimicrobianos adequados (6 mm de diâmetro), distribuídos uniformemente nas placas inoculadas, não sendo colocados mais de 6 discos numa placa de Petri de 90 mm de diâmetro.

d. Nos 30 minutos seguintes à aplicação dos discos, as placas são incubadas a 37°C durante 16-18 horas.

e. Após uma incubação nocturna, as placas são examinadas para garantir um crescimento confluente. Utilizando uma escala de medição, mede-se o diâmetro de cada zona de inibição em mm e interpretam-se os resultados em conformidade.

D. Controlo de qualidade

a. Estirpes QC

Escherichia coli ATCC 25922, *Staphylococcus aureus* ATCC 25923

b. Controlo da precisão

i. Execução de AST para estirpes QC lado a lado com bactérias patogénicas.

ii. Controlo do prazo de validade dos discos de antibióticos e da MHA.

iii. Comparação do tamanho da zona com as tabelas de CQ do CLSI.

APÊNDICE-G

TABELA DE INTERPRETAÇÃO DE TAMANHOS DE ZONAS

Antimicrobiano	Símbolo	Conteúdo	Resistente	Intermédio	Sensível

Agentes utilizados		do disco (^mcg)	(mm ou menos)	(mm)	(mm ou mais)
Amoxicilina	AMX	10	18	19-25	26
Amicacina	AK	30	14	15-16	17
Azteronam	AZT	30	17	18-20	21
Cefixima	CFM	5	15	16-18	19
Cefotaxima	CTX	30	22	23-25	26
Ceftazidima	CAZ	30	17	18-20	21
Ceftriaxona	CTR	30	19	20-22	23
Ciprofloxacina	CIP	5	15	16-20	21
Cotrimoxazol	COT	25	10	11-15	16
Doxiciclina	DOX	30	10	11-13	14
Gentamicina	GEN	10	12	13-14	15
Imipenem	IPM	10	19	20-22	23
Meropenem	MRP	10	19	20-22	23

(Fonte: Guia de informações sobre produtos, Hi-Media Laboratories Pvt. Limited, Bombaim, Índia).

APÊNDICE-H

MÉTODO COMBINADO DE DIFUSÃO EM DISCO PARA CONFIRMAÇÃO DE ESBL

A produção de ESBL é confirmada entre a estirpe bacteriana suspeita de acordo com as diretrizes do CLSI (Clinical and Laboratory Standard Institute) para testes de confirmação fenotípica. De acordo com estas diretrizes, ao confirmar a produção de ESBL entre os suspeitos utilizando o ensaio de disco combinado (CD), um aumento no tamanho da zona de ≥5 mm de qualquer um dos discos de combinação, ou seja, disco contendo clavulanato, indica a presença de ESBL no organismo testado.

i.   O organismo suspeito é inoculado em caldo Mueller Hinton e incubado a 37⁰C até que a turvação corresponda a 0,5 Mc Farland standard. Utilizando uma zaragatoa de algodão estéril, o organismo a testar é cultivado em tapete numa placa MHA.

ii.   Com a ajuda de um forcep estéril, os discos de deteção de ESBL são colocados no meio inoculado, assegurando que estão uniformemente espaçados.

iii.   A placa é incubada a 35-37⁰C durante 18-24 horas e os resultados são interpretados.

Interpretação dos resultados

Comparar a zona de inibição dos discos de ceftazidima e cefotaxima com a dos discos de combinação de ceftazidima com ácido clavulânico e cefotaxima com ácido clavulânico. Um aumento do diâmetro da zona de ≥5 mm na presença de ácido clavulânico de qualquer um ou de todos os discos indica a presença de ESBL no organismo testado.

Controlo de qualidade

Verificar se existem sinais de deterioração. O controlo de qualidade deve ser efectuado com pelo menos um organismo para demonstrar uma reação positiva e pelo menos um para demonstrar uma reação negativa.

Controlo positivo: *Escherichia coli* NCTC 13351, *Klebsiella pneumoniae* ATCC

700603

Controlo negativo: *Escherichia coli* ATCC 25922

APÊNDICE-I

CONFIRMAÇÃO DA PRODUÇÃO DE CARBAPENEMASES ATRAVÉS DO TESTE DE HODGE MODIFICADO

A produção de carbepenemase é confirmada entre as estirpes bacterianas suspeitas, de acordo com as diretrizes do CDC (Centers for Disease Control and Prevention). De acordo com as diretrizes, uma indentação do tipo folha de trevo após 16-24 horas de incubação do organismo de teste semeado numa placa MHA com cultura de relva de *E. coli* ATCC 25922 dentro da zona de inibição do disco de suscetibilidade aos carbapenemes confirma a produção de carbabapenemase.

A. Preparação da placa MHA ajustada aos catiões (isto é, com $ZnSO_4$)

i. Pesa-se 10 g de ZnSO4, coloca-se em 1000 ml de água destilada e solubiliza-se.

ii. Colocar 38 g de MHA em pó em 990 ml de água destilada.

iii. Adicionam-se 10 ml de solução de ZnSO4 a 990 ml de meio MHA.

iv. Os meios são autoclavados e colocados em placas esterilizadas

B. Preparação da cultura de relva de *E. coli* ATCC 25922

i. Prepara-se uma diluição de 0,5 McFarland da *E. coli* ATCC 25922 em 5 ml de caldo ou solução salina.

ii. Dilui-se 1:10, adicionando 0,5 ml de 0,5 McFarland a 4,5 ml de MHB ou soro fisiológico.

iii. Colocar uma sementeira da diluição 1:10 de *E. coli* ATCC 25922 numa placa de ágar Mueller Hinton e deixar secar durante 3-5 minutos.

C. Inoculação da placa MHA

i. Coloca-se 10 µg de disco de suscetibilidade ao meropenem ou ao ertapenem no centro da área de teste.

ii.   Numa linha reta, o organismo a testar (até quatro organismos na mesma placa com um medicamento), desde a extremidade do disco até à extremidade da placa, é colocado em riscas.

iii.   Incubar-se-á durante a noite a 350 C ± 20 C em ar ambiente durante 16-24 horas.

D.   Interpretação/ Resultados

Após 16-24 horas de incubação, a placa é examinada para detetar uma indentação do tipo folha de trevo na intersecção do organismo testado e da *E. coli* ATCC 259222 na zona do disco de suscetibilidade aos carbapenemes.

•   **O teste MHT positivo** apresenta uma indentação semelhante a uma folha de trevo da *E. coli* ATCC 25922 que cresce ao longo da linha de crescimento do organismo testado na zona de difusão.

•   **O teste MHT negativo** não regista crescimento do *E. coil* ATCC 25922 ao longo do crescimento do organismo de teste na difusão do disco.

E.   Controlo de qualidade:

a)   Estirpes QC

-       MHT positivo: *Klebsiella pneumonia* ATCC BAA 1705

-       MHT negativo: *Klebsiella pneumonia* ATCC BAA 1706

b)   Controlo da precisão

-       Controlo do prazo de validade dos discos de antibióticos e da MHA

-       Execução de estirpes QC juntamente com bactérias patogénicas na mesma placa MHA.

APÊNDICE-J

TESTE SINÉRGICO DE DISCO COMBINADO PARA A TIPAGEM DE BETA-LACTAMASES HIDROLISADORAS DE CARBAPENEMES

O teste de disco combinado detecta a atividade de determinadas carbapenemases comparando a alteração da zona de inibição do carbapenem e do carbapenem mais inibidor. Neste teste, o aumento do tamanho da zona é comparado entre o disco de meropenem e os respectivos discos de meropenem suplementados com 400 µg/ml de ácido fenil borónico (PBA), 10 µl de EDTA 0,2 M e 200 µgZml de cloxacilina para diferenciação fenotípica de classes moleculares de carbapenemases.

A.   Preparação de discos combinados

i.   Disco de meropenem-PBA: Para tal, o disco de meropenem é suplementado com 400 µgZml de ácido fenil borónico: O disco é preparado dissolvendo 120 mg de ácido fenil borónico em 6 ml de água destilada estéril. Dispensa-se 20µl desta solução-mãe no disco que contém 10µg de meropenem. Os discos devem ser secos durante 30 minutos antes de serem utilizados.

ii.   Disco de meropenem-EDTA: Para tal, o disco de meropenem é suplementado com 10 µl de EDTA 0,2

M. O disco é preparado dissolvendo 745 mg de EDTA dissódico di-hidratado em 10 ml de água destilada estéril. Distribuir 10 µl desta solução-mãe no disco que contém 10 µg de meropenem. Os discos devem ser secos durante 30 minutos antes de serem utilizados.

iii.   Disco de Meropenem-Cloxacilina: Para tal, o disco de meropenem é suplementado com 200 µgZml de cloxacilina: O disco é preparado dissolvendo 60 mg de cloxacilina em 6 ml de água destilada estéril. Dispensa-se 20 µl desta solução-mãe no disco que contém 10 µg de meropenem. Os discos devem ser secos durante 30 minutos antes de serem utilizados.

B.   Preparação de combinações de discos em MHA ajustado aos catiões

i.   Foi preparada uma cultura de bactérias de ensaio equivalente a 0,5 McFarland numa placa de ágar Mueller-Hinton ajustada aos catiões.

ii.   Foram colocados quatro discos em cada placa: Meropenem (10µg) no centro e discos de "Meropenem-PBA", "Meropenem-EDTA" e "Meropenem-Cloxacilina" a cerca de 25 mm à volta do disco central.

C.   Tipagem de carbapenemases em diferentes classes

i.   Carbapenemases de classe A/ KPC:

Um aumento do tamanho da zona de 5 mm ou mais no disco de "Meropenem-PBA" em comparação com o disco de Meropenem é indicativo de carbapenemase de classe A.

ii.   Carbapenemases/ MBLs de classe B:

Um aumento do tamanho da zona de 5 mm ou mais no disco de "Meropenem-EDTA" em comparação com o disco de Meropenem é indicativo de carbapenemase de classe B.

iii.   Classe C β-lactamase + perda de porina:

O aumento do tamanho da zona com PBA e cloxacilina é considerado como a presença da classe C (AmpC β-lactamase) com perda de porina, mas não da enzima KPC (classe A).

iv.   Carbapenemase de classe D:

Não estão disponíveis quaisquer inibidores para a carbapenemase de classe D (tipo OXA). Por conseguinte, os isolados com teste de Hodge modificado (MHT) positivo e teste de disco combinado (CDT) negativo são considerados bactérias produtoras de carbapenemase de classe D.

v.   Coprodução da KPC e da MBL:

O aumento da zona de inibição em ≥5 mm com PBA e EDTA é considerado como indicativo da coprodução das enzimas KPC e MBL.

APÊNDICE-K

REACÇÕES DISTINTIVAS DAS BACTÉRIAS PATOGÉNICAS

DE ENTEROBACTERIACEAE

Espécies	Ensaio/ substrato[a]											
	lac	motor	gás	ind	VP	cit	PDA	ure	lis	H₂S	inos	ONPG
Escherichia coli	+	+	+	+	-	-	-	-	+	-	-	+
Shigella grupos A, B, C	-	-	-	±	-	-	-	-	-	-	-	-
Sh. sonnei	-	-	-	-	-	-	-	-	-	-	-	+
Salmonella (a maioria dos serotipos)	-	+	+	-	-	+	-	-	+	+	±	-
Salmonella Typhi	-	+	-	-	-	-	-	-	+	+	-	-
Salmonella Paratyphi A	-	+	+	-	-	-	-	-	-	-	-	-
Citrobacter freundii	±	+	+	-	-	+	-	±	-	±	-	+
C. koseri	±	+	+	+	-	+	-	±	-	-	-	+
Klebsiella pneumoniae	+	-	++	-	+	+	-	+	+	-	+	+
K. oxytoca	+	-	++	+	+	+	-	+	+	-	+	+
Enterobacter aerogens	+	+	++	-	+	+	-	-	+	-	+	+
Ent. cloacae	+	+	+	-	+	+	-	±	-	-	-	+
Hafnia alvei	-	+	+	-	+	-	-	-	+	-	-	+
Serratia b marcescens	-	+	±	-	+	+	-	-	+	-	±	+
Proteus mirabilis	-	+	+	-	±	±	+	++	-	+	-	-
P. vulgaris	-	+	+	+	-	-	+	++	-	+	-	-
Morganella morganii	-	+	+	+	-	-	+	++	-	±	-	-
Providencia rettgeri	-	+	-	+	-	+	+	++	-	-	+	-
Prov. stuartii	-	+	-	+	-	+	+	±	-	-	+	-
Prov. alcalifaciens	-	+	+	+	-	+	+	-	-	-	-	-
Yersinia enterocolitica[c]	-	-	-	±	-	-	-	±	-	-	±	+
Y. pestis	-	-	-	-	-	-	-	-	-	-	-	±
Y. pseudotuberculosi s	-	-	-	-	-	-	-	+	-	-	-	±

[a] *lac, inos*- fermentação de lactose, inositol; *mot*- motilidade; *gas*- gás a partir da glucose; *ind*- produção de indol; *VP*, Voges-Proskauer; *cit*- utilização de citrato (Simmons'); *PDA*- fenilalanina desaminase; *ure*- urease; *lys*, lisina descarboxilase; *H2S*- H2S produzido em ágar TSI; *ONPG*- metabolismo do *o-nitrofenil-β-D-*galactopiranosídeo.

^b Algumas estirpes de *Serratia marcescens* podem produzir um pigmento vermelho ^c *As Yersinia* são móveis a 22°C.

{Key: +, ≥85% das estirpes positivas; -, ≥ 85% das estirpes negativas; 16-84% das estirpes são positivas após 24-48 horas a 36°C}

APÊNDICE-L

Padrão de suscetibilidade aos antibióticos das Enterobacteriaceae resistentes aos carbapenemes isoladas

Organizações	Padrão de suscetibilidade aos antibióticos													Classes moleculares de β-lactama se
	AK	AMX	AZM	CFM	CTX	CAZ	CTR	CIP	COT	DOX	GEN	IMP	MRP	
E. coli	R	R	R	R	R	R	R	R	R	R	R	R	R	A
E. coli	R	R	S	R	R	R	R	R	R	R	R	R	R	B
Citrobact er sp.	R	R	S	R	R	R	R	R	R	R	R	R	R	B
K. pneumoniae	R	R	R	R	R	R	R	R	R	R	R	R	R	A
K. pneumoniae	R	R	R	R	R	R	R	R	R	R	R	I	S	NC
E. coli	R	R	R	R	R	R	R	R	R	R	R	R	R	B
K. pneumoniae	R	R	R	R	R	R	R	R	R	S	R	S	R	C
E. coli	R	R	R	R	R	R	R	R	R	R	R	R	R	NC
E. coli	I	R	R	R	R	R	R	R	R	I	R	S	I	C
E. coli	R	R	R	R	R	R	R	R	R	R	R	R	R	B
Citrobact er sp.	R	R	S	R	R	R	R	R	R	R	R	S	I	B
K. pneumoniae	R	R	R	R	R	R	R	R	R	R	R	R	R	B
E. coli	R	R	R	R	R	R	R	R	R	R	R	R	R	A
E. coli	R	R	R	R	R	R	R	R	R	R	R	I	S	NC
K. pneumoniae	R	R	R	R	R	R	R	R	R	R	R	R	R	A
K. pneumoniae	R	R	R	R	R	R	R	R	R	R	R	R	R	B
K. pneumoniae	R	R	R	R	R	R	R	R	I	S	R	S	R	C
S. Typhi	S	R	R	R	R	R	R	R	R	R	R	S	I	B
E. coli	R	R	R	R	R	R	R	R	R	R	R	R	R	NC
E. coli	R	R	R	R	R	R	R	R	R	R	R	R	R	A+ B
K. pneumoniae	R	R	R	R	R	R	R	R	R	R	R	R	R	B
E. coli	R	R	R	R	R	R	R	R	R	R	R	R	R	B
E. coli	R	R	S	R	R	R	R	R	R	R	R	R	R	B

S: Sensível, I: Intermediariamente Sensível, R: Resistente, A: Molecular Classe A, B: Molecular Classe B, C: Molecular Classe C, A+B: Ambos Classe A e Classe B, NC: Não classificado

APÊNDICE-M

ESTATÍSTICAS

1. Associação entre a produção de ESBL e a atividade de carbapenemase

Produção de ESBL	Atividade da carbapenemase				Total	valor de p
	KPC	MBL	AmpC	KPC+MBL		
Apenas CTX-M	0	3	2	0	5	
Apenas TEM/SHV	0	0	0	0	0	0.036
Ambos	0	2	1	0	3	
Total	0	5	3	0	8	

1. Associação entre a produção de ESBL e a produção de MBL

Produção de ESBL	Positividade da MBL		Total	valor de p
	Negativo	Positivo		
Apenas CTX-M	25	3	28	
Apenas TEM/SHV	35	0	35	3.651
Ambos	26	2	28	
Total	86	5	91	

2. Associação entre a produção de ESBL e a produção de AmpC

Produção de ESBL	Positividade da Ampc		Total	valor de p
	Negativo	Positivo		
Apenas CTX-M	26	2	28	
Apenas TEM/SHV	35	0	35	2.499
Ambos	27	1	28	
Total	88	3	91	

3. Determinação da sensibilidade, especificidade, valor preditivo positivo e valor preditivo negativo do teste de Hodge modificado

Teste de Hodge modificado	Produção de carbapenemase		Total
	Positivo	Negativo	
Positivo	16	7	23
Negativo	0	26	26
Total	16	33	49

Sensibilidade = a/(a+c) X 100 = 100%

Especificidade = b/(b+d) X 100 = 78,79%

Valor preditivo positivo (VPP) = a/(a+b) X 100 = 69,56%

Valor preditivo negativo (NPV) = d/c+d X 100 = 100%

yes I want morebooks!

Buy your books fast and straightforward online - at one of world's fastest growing online book stores! Environmentally sound due to Print-on-Demand technologies.

Buy your books online at
www.morebooks.shop

Compre os seus livros mais rápido e diretamente na internet, em uma das livrarias on-line com o maior crescimento no mundo! Produção que protege o meio ambiente através das tecnologias de impressão sob demanda.

Compre os seus livros on-line em
www.morebooks.shop

Printed by Books on Demand GmbH, Norderstedt / Germany